# 봄 꽃

생태 사진작가 문 순 화
동북아식물연구소장 현 진 오

교학사

# 책을 펴내며

'아름다운 우리 꽃' 시리즈를 낸 후 여러 사람들로부터, 야외에 들고 다니며 볼 수 있는 도감을 내 달라는 주문을 받았으나 차일피일 출간을 미루다가 교학사 미니 가이드 시리즈로서 그 빛을 보게 되었다.

이 책에서는 외국에서 들어온 귀화 식물이나 외래 식물은 포함시키지 않았으며, 꽃이 아름다워 사람들의 관심을 끌 만한 자생 식물을 대상으로 하였다. 우리 산하에 애초부터 자라던 아름다운 꽃들에만 초점을 맞춘 것은 나의 한계임이 분명하지만, 또 어쩌면 자생 식물이 온전히 이 땅에 살아남기 위해서는 더욱 많은 이들의 관심을 불러일으켜야 한다는 속내를 드러낸 것인지도 모른다. 우리 것을 고집하는 편협한 마음이라 읽지 마시고, 우리 것을 제대로 알아야만 지킬 수 있다는 신념으로 받아들여 주시기 바란다.

이 책을 통해서 이제 막 식물에 관심을 가지기 시작한 분들이 우리 식물들과 조금씩 친해지는 재미를 느낄 수 있기를 바란다. 또, 우리 꽃에 대한 지식이 높은 분들도 식물을 다시 한 번 명확히 확인하는 기회가 된다면 나에게는 큰 보람이다.

전공자로서 최선을 다했으나, 식물 분류학에서 다루어야 하는 수많은 식물군들 모두에 대해 정통할 수는 없는 것이므로, 이 분야 전문가들의 의견을 겸허하게 받아들일 것이다. 이런 이유로 사진 한 장 한 장에 촬영 날짜와 장소를 명확하게 기록해 두었다. 그리고 이것은 이 책의 사진을 맡아 주신 문순화 선생님의 현장 기록을 보존하는 일이기도 하여 뜻이 더욱 크다고 믿는다.

불모지나 다름없던 생물종 관련 도서 출판 분야를 오랜 기간 주도해 온 교학사에 누가 되지 않는 시리즈가 되었으면 하는 바람이다.

2003년 봄 현진오

# 차 례

## 단자엽식물강 Monocotyledoneae

✲ 부 록

# 일러두기

1. 이 책은 우리 나라 산과 들에 저절로 자라는 풀과 나무, 즉 자생 식물 가운데 봄에 꽃이 피는 250가지를 수록했다. 북부 지방에 자라서 쉽게 볼 수는 없지만, 우리의 귀중한 식물 자원으로서 가치가 높은 북부 지방의 자생 식물들도 포함시켰다. 하지만, 외국에서 들어온 후 토착화한 귀화 식물이나 원예 또는 식용 등의 목적으로 심어 기르는 나무와 풀은 제외했다.

2. 식물의 배열 순서는 양치 식물을 포함하여 모든 관속 식물의 진화적 유연 관계를 반영하여 배열한 엥글러의 분류 체계를 따랐다. 다만 독자들이 찾기 쉽도록 과(科) 내에서는 속(屬)과 종(種)의 배열 순서를 알파벳순으로 했다.

3. 학명은 국내외 학자들의 최신 연구 결과를 수용했다. 필자의 견해를 조심스레 밝힌 것도 있지만, 이 경우에도 신조합 등 새로운 분류학적 처리는 가급적 유보하고 국내외 학자의 기존 견해 가운데 필자의 생각과 가장 가까운 것을 채택했다.

4. 식물의 특징에 대해서는 독자들이 이해하기 쉬운 말과 문장으로 쓰려고 노력했다. 그럼에도 불구하고 아직도 어렵고 낯선 용어들에 대해서는 부록 식물 용어 해설(276~285쪽)에서 밝힘으로써 필요할 때 참고할 수 있게 했다.

5. 사진은 부득이한 몇몇 종을 제외하고는 자생지에서 식물 생태 사진 전문가에 의해 촬영된 것을 사용했다. 고도 등 환경이 다른 곳에 이식된 경우 식물은 외형, 개화기 등이 자생지에서와는 달라질 수 있다는 점을 고려했기 때문이다.

6. 사진을 촬영한 장소와 날짜를 밝힘으로써, 현재의 지식으로 바르게 동정(同定)하지 못했을 경우에 대비했다. 다른 연구자들에게 필요한 정보를 제공하는 효과도 있을 것이다. 다만, 멸종 위기에 처한 몇몇 종은 촬영 장소를 정확히 밝히지 않았다.

7. 참고난에는 식물 이름의 유래 등을 밝혀 식물을 익히는 데 도움이 되도록 했다. 그 동안 한국 특산으로 잘못 알려져 왔거나 학명에 우리 나라를 뜻하는 단어가 있어서 특산 식물로 오해할 여지가 있는 식물에 대해서는 국외 분포를 밝혔다.

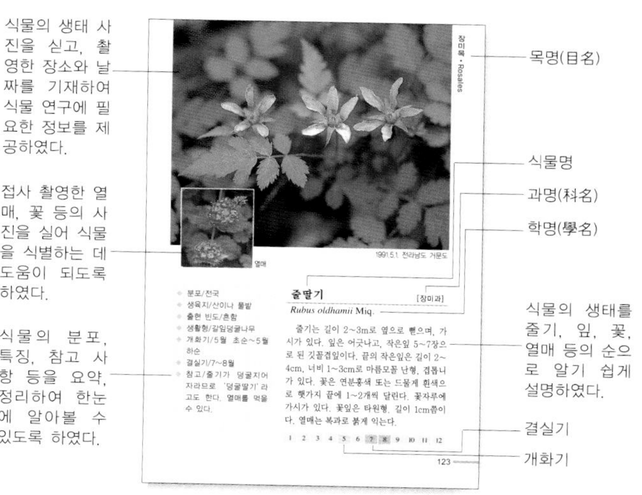

영양 줄기 1998.4.18. 충청북도 괴산

생식 줄기

## 쇠뜨기 [속새과]

*Equisetum arvense* L.

생식 줄기와 영양 줄기가 따로 있다. 영양 줄기는 높이 30~40cm로 겉에 능선이 있고 녹색이다. 마디에서 비늘 모양의 엽초가 나오고, 가지가 갈라진다. 생식 줄기는 높이 15~20cm로 갈색이다. 생식 줄기 끝에 붙는 포자낭수(穗)는 긴 타원형이다. 포자낭 속 포자에는 탄사(彈絲)가 4개씩 붙어 있다.

1 2 3 4 5 6 7 8 9 10 11 12

- 분포/전국
- 생육지/습지
- 출현 빈도/매우 흔함
- 생활형/여러해살이풀
- 개화기/3월 초순~4월 하순
- 결실기/포자로 번식함
- 참고/우리말 이름은 소가 잘 뜯어먹는 데서 유래했으며, 퇴치가 어려운 잡초이다.

1992.4.25. 경기도 관악산

- 분포/전국
- 생육지/숲 속 또는 계곡
- 출현 빈도/흔함
- 생활형/여러해살이풀
- 개화기/3월 초순~5월 초순
- 결실기/포자로 번식함
- 참고/새순을 삶아서 나물로 먹는다.

## 고비

[고비과]

*Osmunda japonica* Thunb.

줄기 높이 80cm쯤. 어린잎은 둥그렇게 말린 채로 나오고 붉은색을 띠며, 다 자란 잎은 윤기가 있고 털이 없다. 잎은 길이 5~6cm, 너비 1.0~1.8cm로 가장자리에 잔 톱니가 있다. 생식엽은 이른 봄 영양엽보다 먼저 나오는 것이 보통이지만, 영양엽 뒷면에 포자낭이 발달하는 경우도 가끔 있다.

1 2 3 4 5 6 7 8 9 10 11 12

수꽃 1996.4.15. 전라남도 백운산

## 개비자나무 [개비자나무과]

*Cephalotaxus koreana* Nakai

줄기 높이 3m, 지름 5cm쯤. 잎은 길이 3.5~4.0cm로 2줄로 붙고 선형이며 끝이 급하게 좁아져 뾰족하다. 잎 양 면에 중륵이 뚜렷하다. 암나무와 수나무가 따로 있다. 수꽃은 둥근 꽃차례로 20~30개씩 달리고, 암꽃은 한 군데에 2개씩 달린다. 열매는 타원형, 길이 1.5~2.0cm, 이듬해 9~10월에 붉게 익는다.

1 2 3 4 5 6 7 8 9 10 11 12

- 분포/경기도 이남
- 생육지/숲 속 습지
- 출현 빈도/비교적 흔함
- 생활형/늘푸른떨기나무
- 개화기/3월 하순~5월 초순
- 결실기/9~10월
- 참고/한국 특산 식물이다. 상록성이며, 열매도 예뻐서 관상수로서 가치가 높다.

1996.6.30. 백두산

- 분포/백두산
- 생육지/높은 산
- 출현 빈도/드묾
- 생활형/갈잎떨기나무
- 개화기/4월 하순~6월 하순
- 결실기/8~10월
- 참고/중국 둥베이(東北) 지방, 사할린, 캄차카 반도 등지에도 분포한다.

## 콩버들

[버드나무과]

*Salix rotundifolia* Trautv.

줄기 길이 20~30cm. 땅 위를 기며, 줄기에서 뿌리가 내린다. 잎은 길이 0.6~1.7cm, 너비 0.5~1.2cm, 원형 또는 난형으로 어긋난다. 가장자리가 밋밋하다. 잎자루는 길이 0.1~0.6cm로 털이 없으며 겉에 홈이 있다. 암나무와 수나무가 따로 있다. 수꽃은 가지 끝에 이삭 꽃차례로, 암꽃은 짧은 가지 둘레에 이삭 꽃차례로 4~7개가 달린다.

1 2 3 4 5 6 7 8 9 10 11 12

1994.6.7. 제주도

수꽃

## 비양나무 [쐐기풀과]

*Villebrunea frutescens* (Thunb.) Blume

줄기 높이 2m쯤. 잎은 길이 6~12cm, 너비 2.5~5.0cm로 긴 타원형으로 어긋나며, 가장자리에 거친 톱니가 있다. 잎자루는 길이 0.5~5.0cm이다. 꽃은 암나무와 수나무가 따로 있으며, 수꽃과 암꽃 모두 둥근 꽃차례이다. 수꽃은 4개의 수술이 화피 조각과 마주 붙는다. 꽃자루는 거의 없다. 열매는 난형 수과로 길이 1.5mm쯤이다.

1 2 3 4 5 6 7 8 9 10 11 12

- 분포/제주도
- 생육지/바닷가 저지대
- 출현 빈도/매우 드묾
- 생활형/갈잎떨기나무
- 개화기/3월 초순~5월 하순
- 결실기/7~9월
- 참고/비양도에서 처음 발견된 데서 우리말 이름이 붙여졌다.

1995.2.25. 충청북도 속리산

꽃

열매

- 분포/전국
- 생육지/숲 속
- 출현 빈도/비교적 흔함
- 생활형/늘푸른떨기나무
- 개화기/2월 하순~4월 초순
- 결실기/10~2월
- 참고/늙은 나무에 새 둥지 모양으로 둥그렇게 붙어 산다. 상록성이므로 겨울에 발견하기 쉽다.

## 겨우살이 [겨우살이과]

*Viscum album* L. var. *coloratum* (Kom.) Ohwi

참나무류, 팽나무, 물오리나무, 밤나무 등에 붙어 사는 기생 식물이다. 가지는 Y자 모양으로 갈라진다. 잎은 길이 3~6cm, 너비 0.6~1.2cm. 피침형으로 마주나며 잎자루는 없다. 꽃은 노란색으로 암수 딴그루에 피며, 가지 끝에 보통 3개씩 달린다. 열매는 장과로 지름 6mm쯤이며, 노랗게 익는다.

1 2 3 4 5 6 7 8 9 10 11 12

1997.4.30. 전라북도 덕유산

## 덩굴개별꽃 [석죽과]

*Pseudostellaria davidii* (Franch.) Pax

줄기는 길이 10~20cm로 연하며, 꽃이 핀 다음 덩굴지며 길게 뻗는다. 잎은 마주나고 잎자루가 없으며 가장자리가 밋밋하다. 꽃은 흰색으로 줄기 위쪽 잎겨드랑이에서 1개씩 핀다. 꽃받침잎은 5장, 녹색, 뒷면에 흰색 털이 있다. 꽃잎은 5장, 꽃받침보다 길다. 수술은 10개, 암술대는 3개이다.

1 2 3 4 5 6 7 8 9 10 11 12

- 분포/제주도를 제외한 전국
- 생육지/산 속 음지
- 출현 빈도/비교적 흔함
- 생활형/여러해살이풀
- 개화기/4월 하순~6월 하순
- 결실기/7~8월
- 참고/꽃이 핀 다음 줄기가 덩굴지어 자라므로 유사 종들과 쉽게 구분된다.

1990.4.15. 전라남도 백운산(식재)

- 분포/제주도
- 생육지/숲 속
- 출현 빈도/매우 드묾
- 생활형/갈잎큰키나무
- 개화기/3월 하순~4월 하순
- 결실기/8~9월
- 참고/마을에 심는 것은 대부분 중국 원산 '백목련'이다. 목련은 백목련에 비해 꽃이 빈약해 보이며 꽃잎이 넓게 벌어진다.

## 목련

[목련과]

*Magnolia kobus* DC.

줄기는 높이 5~10m로 가지를 꺾으면 향기가 난다. 잎은 길이 5~15cm, 너비 3~6cm로 넓은 도란형이다. 꽃은 흰색으로 잎이 나기 전에 피며, 지름 10cm쯤이다. 꽃잎은 6~9장, 밑부분에 연한 붉은빛이 돌기도 하고 향기가 있다. 꽃받침잎은 3장, 꽃잎과 다른 모양이다. 수술은 30~40개이다.

1 2 3 4 5 6 7 8 9 10 11 12

1998.6.20. 전라남도 지리산

## 함박꽃나무 [목련과]

*Magnolia sieboldii* K. Koch

줄기는 높이 6~10m로 겨울눈에 누운 털이 많다. 잎은 길이 6~15cm, 너비 5~10cm, 타원형으로 어긋난다. 꽃은 흰색으로 잎이 난 다음에 옆 또는 밑을 향해 피며, 지름 7~10cm이고 향기가 난다. 꽃자루는 길이 3~7cm이고 털이 있다. 꽃잎은 6~9장, 꽃받침은 3장으로 꽃잎보다 작고 짧다. 꽃밥과 수술대는 붉은빛이 돈다.

1 2 3 4 5 6 7 8 9 10 11 12

- 분포/전국
- 생육지/산골짜기 숲 속
- 출현 빈도/흔함
- 생활형/갈잎작은키나무
- 개화기/5월 초순~6월 하순
- 결실기/9~10월
- 참고/'산목련'이라고도 한다. 북한에서는 '목란'이라고 하며, 나라꽃(國花)으로 지정되어 있다.

1998.5.6. 강원도 가리왕산

열매

- 분포/전국
- 생육지/저지대 계곡 주변
- 출현 빈도/흔함
- 생활형/갈잎덩굴나무
- 개화기/5월 중순~7월 초순
- 결실기/8~10월
- 참고/열매가 단맛, 쓴맛, 신맛, 떫은맛, 매운맛 등 다섯 가지 맛이 난다고 하여 우리말 이름이 붙여졌다.

## 오미자 [목련과]

*Schisandra chinensis* (Turcz.) Baill.

줄기는 다른 나무나 물체를 감고 올라간다. 잎은 길이 7~10cm, 너비 3~5cm, 타원형 또는 도란형으로 어긋난다. 잎자루는 길이 1.5~3.0cm이다. 꽃은 흰색 또는 연분홍색으로 암수 딴그루에 피며, 지름 1.5cm쯤이다. 화피는 6~9장, 길이 5~8mm이다. 수술은 5개, 암술은 많다. 열매는 둥근 장과로 지름 1cm쯤이다.

1 2 3 4 5 6 7 8 9 10 11 12

1990.3.7. 제주도

열매

# 붓순나무 [붓순나무과]

*Illicium anisatum* L.

줄기 높이 3~5m. 잎은 길이 5~10cm, 너비 2~4cm로 어긋나고 가죽질이며, 도란형 또는 타원형으로 톱니가 있다. 잎 앞면은 윤기가 나고 뒷면은 연두색이다. 꽃은 녹색이 도는 흰색으로 가지 위쪽 잎겨드랑이에 1개씩 달린다. 화피는 10~15장, 선형, 길이 10~13mm 이다. 수술은 20개쯤, 암술은 보통 8개가 돌려난다. 열매는 골돌로 바람개비 모양이다.

1 2 3 4 5 6 7 8 9 10 11 12

- 분포/완도, 제주도, 진도
- 생육지/산기슭 숲 속
- 출현 빈도/비교적 드묾
- 생활형/늘푸른작은키나무
- 개화기/3월 하순~5월 하순
- 결실기/8~9월
- 참고/잎에서 향기가 나는 남방계 식물이다.

1996.4.9. 강원도 설악산

잎과 열매

- 분포/전국
- 생육지/산기슭 양지바른 곳
- 출현 빈도/흔함
- 생활형/갈잎떨기나무
- 개화기/3월 초순~4월 하순
- 결실기/9~11월
- 참고/중국에서 들여와 재배하는 산수유와 혼동하는 경우가 많다. 어린 가지를 자르면 생강 냄새가 난다.

## 생강나무 [녹나무과]

*Lindera obtusiloba* Blume

줄기 높이 3~6m. 어린 가지는 녹색이다. 잎은 길이 5~15cm, 너비 4~13cm, 심장형 또는 난형으로 어긋나며, 가장자리가 3~5갈래로 갈라지거나 갈라지지 않는다. 암수 딴그루이다. 꽃은 노란색으로 잎보다 먼저 피며 산형 꽃차례를 이룬다. 화피는 6장이다. 열매는 둥근 장과로 검게 익는다.

1 2 3 4 5 6 7 8 9 10 11 12

1995.5.30. 강원도 가리왕산

열매

## 노루삼 [미나리아재비과]

*Actaea asiatica* H. Hara

줄기는 높이 40~70cm로 잎이 2~3장 달린다. 잎은 2~4회 3갈래로 갈라지는 겹잎이다. 작은잎은 길이 4~10cm, 너비 2~6cm, 톱니가 있고, 때로는 3갈래로 깊게 갈라진다. 꽃은 흰색으로 총상 꽃차례로 밀집해 달리며, 지름 3~5cm이다. 꽃잎은 넓은 난형, 길이 2.0~2.5mm이다. 수술은 많다. 열매는 장과로 검게 익는다.

1 2 3 4 5 6 7 8 9 10 11 12

- 분포/전국
- 생육지/숲 속
- 출현 빈도/비교적 흔함
- 생활형/여러해살이풀
- 개화기/5월 초순~6월 하순
- 결실기/9~10월
- 참고/'촛대승마'와 혼동하는 경우가 있으나, 개화기, 꽃잎과 열매의 모양이 서로 다르다.

1997.4.13. 강원도 광덕산

- 분포/전국
- 생육지/높은 산 숲 속
- 출현 빈도/비교적 흔함
- 생활형/여러해살이풀
- 개화기/3월 초순~4월 하순
- 결실기/5~6월
- 참고/'너도바람꽃', '변산바람꽃'과 함께 이른 봄에 산 속에서 꽃이 피는 식물이다.

## 복수초 [미나리아재비과]

*Adonis amurensis* Regel et Radde

줄기는 꽃이 필 때에는 높이 5~15cm이나 자라면 높이 30~40cm로 곧추선다. 잎은 어긋나며 3~4회 깃꼴로 갈라지는 겹잎이다. 꽃은 노란색으로 줄기 끝에 1개씩 피며, 지름 3~4cm이다. 꽃받침잎은 보통 9장, 검은 갈색으로 꽃잎과 비슷하거나 조금 길다. 꽃잎은 10~30장, 길이 1.4~2.0cm이다. 수술과 암술은 많다.

1 2 3 4 5 6 7 8 9 10 11 12

1997.4.28. 경기도 축령산

드물게 2개씩 핀다

## 홀아비바람꽃 [미나리아재비과]

*Anemone koraiensis* Nakai

줄기 높이 7~15cm. 뿌리잎은 1~2장, 손바닥 모양, 5갈래로 갈라진다. 총포잎은 3갈래로 깊게 갈라진다. 꽃은 흰색으로 줄기 끝에서 난 꽃자루에 1개씩, 드물게 2개씩 피고 지름 1.5cm쯤이다. 꽃자루는 길이 3~4cm로 겉에 긴 털이 난다. 꽃받침잎은 보통 5장이나 변이가 있으며, 꽃잎처럼 보인다. 꽃잎은 없다. 수술과 암술은 많고, 꽃밥은 노란색이다.

1 2 3 4 5 6 7 8 9 10 11 12

- 분포/경상북도 주흘산 이북
- 생육지/산 속 습지
- 출현 빈도/비교적 드묾
- 생활형/여러해살이풀
- 개화기/4월 초순~5월 하순
- 결실기/5~7월
- 참고/한국 특산 식물이다.

1997.4.13. 강원도 광덕산

- 분포/전국
- 생육지/숲 속 습지
- 출현 빈도/비교적 드묾
- 생활형/여러해살이풀
- 개화기/4월 초순~5월 하순
- 결실기/5~7월
- 참고/동북 아시아에 분포하며, 생육지 환경에 따라 잎과 줄기가 붉은 색을 띠기도 한다.

## 꿩의바람꽃 [미나리아재비과]

*Anemone raddeana* Regel

꽃줄기 높이 15~20cm. 잎은 뿌리에서 나며 잎자루가 길고 1~2회 3갈래로 갈라진다. 꽃은 흰색으로 총포잎 가운데서 나온 꽃자루에 1개씩 달리고 지름 3~4cm이다. 꽃자루는 길이 2~3cm로 긴 털이 난다. 꽃받침잎은 8~13장, 긴 타원형, 길이 2cm, 꽃잎처럼 보인다. 꽃잎은 없다. 수술과 암술은 많고, 씨방에 털이 있다. 열매는 골돌이다.

1 2 3 4 5 6 7 8 9 10 11 12

1994.5.8. 강원도 태백산

드물게 2개씩 핀다

## 회리바람꽃 [미나리아재비과]

*Anemone reflexa* Stephan et Willd.

줄기는 높이 15~30cm로 위쪽에 3갈래로 갈라지는 총포잎이 3장 돌려난다. 작은잎은 길이 3~7cm로 깃꼴이며, 가장자리에 톱니가 있다. 꽃은 길이 2~3cm의 꽃자루에 1개씩, 드물게 2~4개씩 핀다. 꽃받침잎은 5장으로 밑으로 젖혀진다. 꽃잎은 없다. 수술과 암술은 많다. 노란색 수술은 꽃처럼 보이며 암술은 녹색을 띤다.

1 2 3 4 5 6 7 8 9 10 11 12

- 분포/경상북도 주흘산 이북
- 생육지/숲 속
- 출현 빈도/비교적 드묾
- 생활형/여러해살이풀
- 개화기/4월 초순~6월 초순
- 결실기/6~7월
- 참고/강원도 높은 산에서는 흔하게 발견된다.

2002.4.21. 강원도 태백산

- 분포/강원도 이북
- 생육지/높은 산 숲 속
- 출현 빈도/매우 드묾
- 생활형/여러해살이풀
- 개화기/4월 중순~5월 초순
- 결실기/6~7월
- 참고/강원도 가리왕산, 태백산 등 몇 곳에서만 발견되는 희귀 식물로서, 북부 지방 및 중국 둥베이(東北) 지방, 우수리에도 분포한다.

## 숲바람꽃

[미나리아재비과]

*Anemone umbrosa* C.A. Mey.

줄기 높이 20~30cm. 뿌리잎은 없거나 드물게 1장이 난다. 줄기잎은 3장이 위쪽에서 돌려나며, 3갈래로 완전히 갈라진다. 꽃은 흰색으로 줄기 끝에서 1개씩 피며, 지름 2~3cm이다. 꽃자루는 길이 3~6cm로 겉에 부드러운 털이 난다. 꽃받침잎은 5~8장, 꽃잎처럼 보이고, 겉에 짧고 부드러운 털이 있다. 수술은 많다.

1 2 3 4 5 6 7 8 9 10 11 12

1999.6.11. 제주도 한라산

## 세바람꽃 [미나리아재비과]

*Anemone stolonifera* Maxim.

줄기는 높이 15~30cm로 비스듬히 서거나 옆으로 눕는다. 뿌리잎은 작은잎 3장으로 갈라진 다음 다시 깊게 2갈래로 갈라지며 잎자루가 길다. 줄기잎은 위쪽에 3장이 돌려나며 잎자루가 짧다. 잎 양 면에 털이 있다. 꽃은 흰색으로 줄기 끝에 1~3개씩 달리며, 지름 1~2cm이다. 꽃받침잎은 5~7장, 길이 8mm쯤, 타원형으로 꽃잎처럼 보인다.

1 2 3 4 5 6 7 8 9 10 11 12

- 분포/한라산, 북부 지방
- 생육지/계곡 주변 또는 숲 속 습지
- 출현 빈도/드묾
- 생활형/여러해살이풀
- 개화기/5월 중순~7월 중순
- 결실기/8~9월
- 참고/남한에서는 한라산에서만 볼 수 있다.

1995.5.31. 강원도 가리왕산

- 분포/전국
- 생육지/계곡 주변 또는 풀밭
- 출현 빈도/비교적 흔함
- 생활형/여러해살이풀
- 개화기/5월 하순~7월 하순
- 결실기/8~9월
- 참고/꽃 뒤쪽에 붙은 거(距)의 모양이 '매의 발톱'을 닮아서 우리말 이름이 붙여졌다.

## 매발톱꽃 [미나리아재비과]

*Aquilegia oxysepala* Trautv. et C.A. Mey.

줄기는 높이 30~130cm로 자줏빛이 돈다. 잎은 2회 3갈래로 갈라지는 겹잎이다. 꽃은 가지 끝에서 밑을 향해 핀다. 꽃받침잎은 5장, 꽃잎처럼 보이며, 갈색이 도는 자줏빛이다. 꽃잎은 5장, 노란색이며, 꽃받침잎과 번갈아 늘어선다. 수술은 많고, 안쪽 것은 꽃밥이 없는 헛수술이다. 암술은 5개이다.

| 1 | 2 | 3 | 4 | 5 | 6 | 7 | 8 | 9 | 10 | 11 | 12 |
|---|---|---|---|---|---|---|---|---|---|---|---|

1996.5.5. 충청북도 소백산

## 동의나물 [미나리아재비과]

*Caltha palustris* L. var. *nipponica* H. Hara

줄기 높이 30~60cm. 뿌리잎은 모여나고, 잎자루가 길며 둥근 심장 모양이다. 잎 가장자리에 톱니가 있다. 꽃은 진한 노란색으로 지름 2~3cm이다. 꽃자루는 보통 2개씩 나며, 길이 5~11cm이다. 꽃잎은 없고 꽃받침잎 5~7장이 꽃잎처럼 보인다. 수술은 많고, 암술은 4~16개이다. 열매는 골돌로 길이 1cm쯤이다.

| 1 | 2 | 3 | 4 | 5 | 6 | 7 | 8 | 9 | 10 | 11 | 12 |
|---|---|---|---|---|---|---|---|---|---|---|---|

- 분포/제주도를 제외한 전국
- 생육지/산 속 습지 또는 물가
- 출현 빈도/비교적 흔함
- 생활형/여러해살이풀
- 개화기/4월 초순~5월 하순
- 결실기/7~8월
- 참고/이름에 '나물'이란 낱말이 있지만, 독이 있는 식물로 알려져 있다.

1996.5.6. 강원도 설악산

동의나물 군락지

1989.5.21. 서울 북한산

## 큰꽃으아리 [미나리아재비과]

*Clematis patens* C. Morren et Decne.

줄기는 길이 2~4m로 다른 물체를 감고 올라간다. 잎은 마주나며, 작은잎 3~5장으로 된 겹잎이다. 작은잎은 길이 3~10cm, 너비 2~5cm, 난형으로 가장자리가 밋밋하다. 잎 뒷면에 털이 난다. 꽃은 흰색 또는 연한 자주색으로 줄기 끝에 1개씩 피며, 지름 10~15cm이다. 꽃받침잎은 8장이지만 변이가 있고 꽃잎처럼 보인다. 열매는 수과이다.

1 2 3 4 5 6 7 8 9 10 11 12

- 분포/제주도를 제외한 전국
- 생육지/산기슭 숲 속 또는 숲 가장자리
- 출현 빈도/비교적 흔함
- 생활형/갈잎덩굴나무
- 개화기/5월 초순~6월 하순
- 결실기/9~10월
- 참고/꽃이 크고 아름다워 관상 가치가 높은 자원 식물이다.

1995.3.20. 제주도

겹꽃

- 분포/마이산, 변산 반도, 설악산, 지리산, 토함산, 한라산
- 생육지/숲 속
- 출현 빈도/비교적 드묾
- 생활형/여러해살이풀
- 개화기/3월 초순~4월 중순
- 결실기/4~5월
- 참고/한국 특산 식물이다. 변산 반도에서 처음 발견된 데서 우리말 이름이 붙여졌다.

## 변산바람꽃 [미나리아재비과]

*Eranthis byunsanensis* B.Y. Sun

줄기 높이 10~30cm. 뿌리잎은 길이와 너비가 각각 3~5cm로 오각상 원형, 깊게 3개로 갈라진다. 꽃은 흰색 또는 분홍빛이 돌고 줄기 끝에 1개씩 달리며, 지름 2~3cm이다. 꽃받침잎은 흰색, 5~7장이며 꽃잎처럼 보인다. 꽃잎은 노란빛이 나는 녹색으로 4~11장, 길이 3~4mm, 깔때기 모양이다. 수술은 많고 암술은 2~8개이다. 열매는 골돌이다.

1 2 3 4 5 6 7 8 9 10 11 12

1996.4.9. 강원도 설악산

꽃자루에 2개가 피기도 한다

## 너도바람꽃 [미나리아재비과]

*Eranthis stellata* Maxim.

줄기 높이 15cm쯤. 잎은 3갈래로 깊게 갈라진 다음 다시 깃꼴로 작게 갈라진다. 꽃줄기에 총포잎이 달린다. 꽃은 흰색으로 지름 2cm쯤이다. 꽃자루에 1개씩 달리지만 2개가 달리기도 한다. 꽃받침잎은 5~7장, 꽃잎처럼 보인다. 꽃잎은 작아서 수술처럼 보이며, 끝이 2개로 갈라져 노란색 꿀샘으로 된다. 열매는 골돌이다.

1 2 3 4 5 6 7 8 9 10 11 12

- 분포/제주도를 제외한 전국
- 생육지/높은 산의 계곡 주변
- 출현 빈도/비교적 드묾
- 생활형/여러해살이풀
- 개화기/3월 초순~4월 하순
- 결실기/4~5월
- 참고/우리 나라 산 속에서 자라는 식물 중 가장 일찍 꽃이 핀다.

1996.4.9. 강원도 설악산

분홍색 꽃

# 노루귀

[미나리아재비과]

*Hepacica asiatica* Nakai

줄기 높이 8~20cm. 잎은 3~6장이 뿌리에서 나며, 3갈래로 갈라진 삼각형으로 처음에는 털이 많으나 자라면서 없어진다. 꽃은 흰색, 분홍색, 보라색 등 다양하고, 뿌리에서 난 1~6개의 꽃줄기에 잎보다 먼저 피며 지름 1~2cm이다. 꽃잎은 없고 꽃받침잎 6~11장이 꽃잎처럼 보인다. 수술은 많으며 노란색이다. 열매는 수과이다.

- 분포/전국
- 생육지/숲 속
- 출현 빈도/흔함
- 생활형/여러해살이풀
- 개화기/3월 초순~5월 초순
- 결실기/5~6월
- 참고/꽃대나 잎이 올라올 때의 모습이 '노루의 귀'를 닮은 데서 우리말 이름이 붙여졌다.

1 2 3 4 5 6 7 8 9 10 11 12

1985.3.20. 제주도 한라산

## 새끼노루귀 [미나리아재비과]

*Hepatica insularis* Nakai

줄기 높이 5~15cm. 뿌리줄기는 가늘고 수염뿌리가 많다. 잎은 길이 1~2cm, 난형 또는 난상 원형으로 3갈래로 갈라지고, 여러 장이 모여나며 잎자루가 길다. 잎 앞면은 진한 녹색에 흰 무늬가 있고, 뒷면은 연한 녹색이다. 꽃은 흰색 또는 붉은 보라색으로 1개씩 달리고, 잎보다 먼저 핀다. 꽃받침잎 6~11장이 꽃잎처럼 보이고, 길이 1cm쯤이다.

1 2 3 4 5 6 7 8 9 10 11 12

- 분포/제주도, 남해안 섬
- 생육지/숲 속
- 출현 빈도/비교적 흔함
- 생활형/여러해살이풀
- 개화기/3월 초순~4월 하순
- 결실기/5~6월
- 참고/한국 특산 식물이다. 중부 지방에 흔하게 자라는 '노루귀'에 비해 전체적으로 크기가 작다.

1996.5.10. 경상북도 울릉도

연분홍색 꽃

- 분포/경상북도 울릉도
- 생육지/숲 속
- 출현 빈도/비교적 흔함
- 생활형/여러해살이풀
- 개화기/4월 초순~5월 하순
- 결실기/5~6월
- 참고/울릉도에서만 자라는 한국 특산 식물로 울릉도를 상징할 만한 꽃이다.

## 섬노루귀(큰노루귀) [미나리아재비과]

*Hepatica maxima* (Nakai) Nakai

줄기 높이 9~25cm. 잎은 3~6장이 뿌리에서 나며 3갈래로 갈라지고, 윗면은 짙은 녹색으로 광택이 있다. 겨울에도 푸른 잎이 남아 있으며, 눈 속에서 겨울을 지낸 잎은 이듬해 봄 새싹이 날 때 시든다. 꽃은 흰색 또는 연분홍색으로 1개씩 피며, 지름 1.5~2.0cm이다. 꽃잎은 없고 꽃받침잎 6~8장이 꽃잎처럼 보인다.

1 2 3 4 5 6 7 8 9 10 11 12

1996.4.28. 경기도 천마산

## 만주바람꽃 [미나리아재비과]

*Isopyrum manshuricum* (Kom.) Kom.

줄기 높이 15~20cm. 땅속줄기에 보리알 같은 덩이뿌리가 주렁주렁 달린다. 뿌리잎은 잎자루가 길고 2회 3갈래로 갈라진다. 줄기잎은 2~3장이며 3갈래로 갈라진다. 잎은 연한 녹색이나 붉은빛을 띠기도 한다. 꽃은 노란빛이 도는 흰색으로 줄기 끝 잎겨드랑이에 1개씩 달린다. 꽃받침잎은 5장으로 꽃잎처럼 보인다. 열매는 골돌이다.

1 2 3 4 5 6 7 8 9 10 11 12

- 분포/경기도 천마산, 강원도 광덕산, 경상북도 주흘산
- 생육지/계곡 주변
- 출현 빈도/드묾
- 생활형/여러해살이풀
- 개화기/3월 초순~5월 초순
- 결실기/6~7월
- 참고/북방계 식물이지만 최근에는 전라남도 백암산과 경상남도 와룡산에서도 발견되었다.

1997.4.28. 경기도 축령산

- 분포/지리산 이북
- 생육지/높은 산 응달
- 출현 빈도/비교적 드묾
- 생활형/여러해살이풀
- 개화기/4월 중순~5월 하순
- 결실기/7~8월
- 참고/일본, 중국 둥베이(東北) 지방, 아무르 등 동북 아시아에 분포한다.

## 나도바람꽃 [미나리아재비과]

*Isopyrum raddeanum* (Regel) Maxim.

줄기 높이 20~30cm. 뿌리잎은 2~3장, 줄기잎은 보통 1장, 3갈래로 갈라진 겹잎으로, 각각의 작은잎은 다시 3갈래로 갈라진다. 꽃은 흰색으로 줄기 끝에서 4~5개가 산형꽃차례로 피며, 지름 1.2cm쯤이다. 꽃자루는 길이 3cm쯤이다. 꽃잎은 없고, 꽃받침잎 4~5장이 꽃잎처럼 보인다. 암술은 3~5개이다. 열매는 골돌이다.

1 2 3 4 5 6 7 8 9 10 11 12

2003.4.20. 강원도 광덕산

## 모데미풀 [미나리아재비과]

*Megaleranthis saniculifolia* Ohwi

줄기 높이 20~40cm. 뿌리에서 줄기와 잎이 여러 개 나온다. 뿌리잎은 3갈래로 갈라진 다음 다시 2~3갈래로 갈라지고, 가장자리에 톱니가 있다. 꽃은 흰색으로 포 가운데서 나온 꽃자루에 1개씩 피며, 지름 2~3cm이다. 꽃받침잎은 5장으로 꽃잎처럼 보인다. 꽃잎은 5개로 수술 같다. 수술은 많다. 열매는 골돌이다.

1 2 3 4 5 6 7 8 9 10 11 12

- 분포/설악산 이남
- 생육지/높은 산 계곡 주변 또는 습기 많은 능선
- 출현 빈도/비교적 드묾
- 생활형/여러해살이풀
- 개화기/4월 초순~5월 하순
- 결실기/6~7월
- 참고/한국 특산 식물이다. 덕유산과 소백산에 가장 많으며, 한라산에도 자란다.

1994.5.20. 백두산

- 분포/북부 지방
- 생육지/산과 들의 양지 바른 곳
- 출현 빈도/드묾
- 생활형/여러해살이풀
- 개화기/5월 초순~5월 하순
- 결실기/6~7월
- 참고/남한에는 분포하지 않는다.

## 분홍할미꽃 [미나리아재비과]

*Pulsatilla dahurica* (Fisch.) Spreng.

줄기는 높이 25~40cm로 전체에 긴 털이 있다. 잎은 뿌리에서 7~9장이 나오고, 작은 잎 5장으로 이루어진 겹잎이다. 꽃은 연한 분홍색으로 꽃줄기 끝에 1개씩 옆 또는 밑을 향해 피며 종 모양이다. 꽃받침잎은 6장, 긴 타원형으로 꽃잎처럼 보이고, 겉에 부드러운 털이 많다. 열매는 수과이며, 끝에 깃 모양의 암술대가 남아 있다.

1 2 3 4 5 6 7 8 9 10 11 12

2002.4.5. 제주도 한라산

## 가는잎할미꽃 [미나리아재비과]

*Pulsatilla cernua* (Thunb.) Bercht. et Opiz

줄기는 높이 10~30cm로 전체에 흰 털이 많다. 잎은 뿌리에서 여러 장이 나오고, 2회 깃꼴로 갈라진 겹잎이다. 꽃은 검붉은 자주색으로 종 모양이며, 밑을 향해 달린다. 꽃받침잎은 6장, 긴 타원형으로 겉에 흰색 긴 털이 많고, 꽃잎처럼 보인다. 열매는 수과로 끝에 깃 모양의 암술대가 남아 있다.

1 2 3 4 5 6 7 8 9 10 11 12

- 분포/제주도
- 생육지/양지바른 풀밭
- 출현 빈도/비교적 흔함
- 생활형/여러해살이풀
- 개화기/3월 하순~5월 초순
- 결실기/6~7월
- 참고/일본과 중국에도 분포한다.

1998.3.27. 경상북도 문경

- 분포/제주도를 제외한 전국
- 생육지/양지바른 풀밭
- 출현 빈도/비교적 흔함
- 생활형/여러해살이풀
- 개화기/3월 하순~5월 초순
- 결실기/6~7월
- 참고/'가는잎할미꽃'에 비해 잎의 갈래가 보다 넓다.

## 할미꽃 [미나리아재비과]

*Pulsatilla cernua* (Thunb.) Bercht. et Opiz var. *koreana* Yabe ex Nakai

줄기는 높이 30~40cm. 잎은 뿌리에서 여러 장이 나고, 작은잎 5장으로 이루어진 깃꼴겹잎이다. 작은잎은 깊게 갈라진다. 꽃은 붉은 자주색으로 긴 종 모양이다. 꽃받침잎은 6장, 길이 3~4cm, 긴 타원형으로 겉에 털이 많다. 암술은 많다. 열매는 수과로 끝에 깃 모양의 암술대가 남아 있다.

1 2 3 4 5 6 7 8 9 10 11 12

2001.4.1. 강원도 동강

## 동강할미꽃 [미나리아재비과]

*Pulsatilla tongkangensis* Y.N. Lee et T.C. Lee

줄기는 높이 15~30cm로 전체에 흰 털이 많다. 잎은 깃꼴겹잎으로 윗면은 반들거리고 진한 녹색이다. 꽃은 연분홍색, 청보라색 또는 붉은 자주색으로 위 또는 옆을 향해 핀다. 꽃받침잎은 6장으로 꽃잎처럼 보인다. 암술의 수는 할미꽃보다 적다. 암술머리는 꽃받침잎과 색깔이 같다. 열매는 수과이다.

1 2 3 4 5 6 7 8 9 10 11 12

- 분포/강원도 동강
- 생육지/바위틈
- 출현 빈도/드묾
- 생활형/여러해살이풀
- 개화기/3월 하순~4월 초순
- 결실기/6~7월
- 참고/최근에 발견되어 한국 특산 식물로 기록되었으며, 동강 댐 건설을 막은 주인공 중의 하나이다.

1996.5.6. 강원도 설악산

- 분포/강원도 이북
- 생육지/높은 산 숲 속 습지
- 출현 빈도/드묾
- 생활형/여러해살이풀
- 개화기/4월 초순~5월 초순
- 결실기/6~7월
- 참고/남한에서는 강원도 금대봉, 점봉산 등지에 드물게 자란다.

## 왜미나리아재비 [미나리아재비과]

*Ranunculus franchetii* H. Boissieu

줄기 높이 20~30cm. 뿌리잎은 길이 2.0~2.5cm로 잎자루가 길고, 3갈래로 깊게 갈라진다. 줄기잎은 잎자루가 없거나 짧고, 3갈래로 깊게 갈라진다. 꽃은 노란색으로 1~3개씩 피고, 지름 1.5~3.0cm이다. 꽃줄기는 높이 3~8cm이고 가늘다. 꽃잎은 5장, 길이 1.0~1.2cm이다. 열매는 수과로 여러 개가 모여 둥글게 된다.

1 2 3 4 5 6 7 8 9 10 11 12

1998.4.28. 인천 강화도

뭍에서 자라는 모습

## 매화마름 [미나리아재비과]

*Ranunculus kazusensis* Makino

줄기는 높이 50cm쯤으로 가지가 갈라진다. 잎은 어긋나며, 3~4회 가는 실처럼 갈라진다. 꽃은 흰색으로 수면 위로 나오는 꽃자루 끝에 1개씩 피며, 지름 1cm쯤이다. 봄에 발아해서 바로 꽃이 핀다. 꽃받침잎은 5장, 녹색이다. 꽃잎은 5장이다. 수술은 많고 노란색이며, 암술은 많다. 열매는 수과로 여러 개가 모여 둥글게 된다.

1 2 3 4 5 6 7 8 9 10 11 12

- 분포/서해안, 서해안 섬
- 생육지/바닷가 가까운 논이나 수로
- 출현 빈도/매우 드묾
- 생활형/한해 또는 두해살이풀
- 개화기/4월 초순~5월 중순
- 결실기/6~7월
- 참고/멸종 위기에 처한 수생 식물로, 강화도, 영종도, 안면도 등지에서 드물게 볼 수 있다.

1990.3.18 제주도

- 분포/전라북도, 전라남도, 제주도
- 생육지/저지대 들판 또는 숲 속
- 출현 빈도/비교적 흔함
- 생활형/여러해살이풀
- 개화기/3월 중순~5월 중순
- 결실기/6~7월
- 참고/일본과 중국에 분포한다.

## 개구리발톱 [미나리아재비과]

*Semiaquilegia adoxoides* (DC.) Makino

줄기는 높이 15~35cm로 털이 있다. 잎은 작은잎 3장으로 된 겹잎이다. 꽃은 분홍빛이 도는 흰색으로 밑을 향해 달린다. 꽃받침잎은 5장, 꽃잎처럼 보이며, 길이 5~7mm이다. 꽃잎은 5장, 길이 2.5~3.0mm이다. 수술은 9~14개, 안쪽 몇 개는 납작한 헛수술로 된다. 암술은 3~5개이다. 열매는 골돌로 길이 5~6mm이다.

1 2 3 4 5 6 7 8 9 10 11 12

1990.4.24. 강원도 화천

## 삼지구엽초 [매자나무과]

*Epimedium koreanum* Nakai

줄기는 높이 20~40cm로 여러 대가 모여 난다. 뿌리잎은 잎자루가 길고 줄기잎은 잎자루가 조금 짧으며, 2회 3갈래로 갈라진 겹잎이다. 꽃은 노란빛이 도는 흰색으로 총상 꽃차례로 달린다. 꽃받침잎은 8장, 꽃잎 모양으로 바깥쪽 4장은 일찍 떨어진다. 꽃잎은 4장, 둥글고, 긴 거(距)가 있다. 수술은 4개, 암술은 1개이다. 열매는 삭과이다.

1 2 3 4 5 6 7 **8** **9** 10 11 12

- 분포/경기도 이북
- 생육지/계곡 주변
- 출현 빈도/비교적 드묾
- 생활형/여러해살이풀
- 개화기/4월 중순~5월 중순
- 결실기/8~9월
- 참고/지리산에서도 발견된 적이 있는 세계적인 희귀 식물이다. 중국 둥베이(東北) 지방과 우수리에도 분포한다.

2001.4.25. 강원도 태백산

- 분포/강원도 이북(가리왕산, 금대봉, 점봉산, 태백산)
- 생육지/높은 산 숲 속이나 습한 능선
- 출현 빈도/매우 드묾
- 생활형/여러해살이풀
- 개화기/4월 하순~5월 초순
- 결실기/6~7월
- 참고/세계적인 희귀 식물이다.

## 한계령풀 [매자나무과]

*Gymnospermium microrrhynchum* (S. Moore) Takht.

줄기 높이 30~50cm. 뿌리줄기 20cm쯤 아래에 둥근 덩이뿌리가 있다. 줄기는 6월에 열매가 익고 나면 시든다. 잎은 2회 3갈래로 갈라진 겹잎이다. 꽃은 연한 노란색으로 총상 꽃차례로 달리고, 지름 1~2cm이다. 꽃받침잎과 꽃잎은 각각 4장, 수술은 4개이다. 열매는 둥근 모양, 익어도 벌어지지 않는다.

1 2 3 4 5 6 7 8 9 10 11 12

1995.5.20. 백두산

붉은 보라색 꽃

## 깽깽이풀 [매자나무과]

*Jeffersonia dubia* (Maxim.) Benth. et Hook.

높이 15~25cm. 원줄기는 없다. 잎은 둥근 모양, 밑은 심장형, 가장자리는 물결 모양으로 뿌리에서 여러 장이 난다. 꽃은 붉은보라색 또는 흰색으로 잎이 나기 전에 꽃자루에 1개씩 핀다. 꽃받침잎은 4장, 피침형이다. 꽃잎은 6~8장, 난형이다. 수술은 8개, 암술은 1개이다. 열매는 삭과이다.

1 2 3 4 5 6 7 8 9 10 11 12

- 분포/제주도를 제외한 전국
- 생육지/숲 속
- 출현 빈도/드묾
- 생활형/여러해살이풀
- 개화기/4월 초순~5월 하순
- 결실기/6~7월
- 참고/세계적인 희귀 식물로 자생지 파괴가 심각하지만, 다행스럽게도 인공 번식이 잘 된다.

1994.9.18. 제주도 한라산

암꽃

- 분포/황해도 이남
- 생육지/숲 속
- 출현 빈도/흔함
- 생활형/갈잎덩굴나무
- 개화기/4월 초순~5월 중순
- 결실기/9~10월
- 참고/중국과 일본에도 분포하는 동아시아 특산 식물이다.

## 으름덩굴 [으름덩굴과]

*Akebia quinata* (Thunb.) Decne.

줄기는 길이 5m쯤으로 다른 물체를 감고 올라간다. 잎은 작은잎 5장으로 된 겹잎이다. 꽃은 암수 한그루, 연한 자주색이다. 수꽃은 꽃차례 위쪽에 달린다. 수술은 6개, 서로 떨어져 있다. 암꽃은 수꽃보다 크고 꽃차례 아래쪽에 달린다. 꽃받침잎은 3장, 꽃잎은 없다. 열매는 장과로 긴 타원형, 길이 10cm쯤이며, 익으면 벌어지고 맛이 달다.

1 2 3 4 5 6 7 8 9 10 11 12

1995.5.10. 제주도 서귀포

열매

## 멀꿀 [으름덩굴과]

*Stauntonia hexaphylla* (Thunb.) Decne.

줄기는 길이 15m쯤으로 다른 물체를 감고 올라간다. 잎은 어긋나며, 작은잎 5~7장으로 된 겹잎이다. 꽃은 암수 한그루, 갈색이 도는 흰색으로 잎겨드랑이에 총상 꽃차례로 3~7개씩 달린다. 꽃받침잎은 6장, 꽃잎은 없다. 수술은 6개, 서로 붙어 있다. 암꽃은 수꽃보다 크다. 열매는 타원형의 장과로 벌어지지 않으며, 맛이 달다.

1 2 3 4 5 6 7 8 9 10 11 12

- 분포/제주도, 남부 지방
- 생육지/바닷가 산기슭
- 출현 빈도/비교적 흔함
- 생활형/늘푸른덩굴나무
- 개화기/5월 초순~6월 하순
- 결실기/10~11월
- 참고/일본과 타이완에도 분포한다. 잎, 꽃, 열매가 모두 아름다워 관상 식물로서의 가치가 높다.

1996.5.25. 강원도 설악산

- 분포/제주도를 제외한 전국
- 생육지/숲 속
- 출현 빈도/비교적 흔함
- 생활형/여러해살이풀
- 개화기/4월 초순~5월 하순
- 결실기/7~8월
- 참고/제주도와 거제도 등 남해안에는 '옥녀꽃대 *C. fortunei* (A. Gray) Solms'가 분포한다.

## 홀아비꽃대 [홀아비꽃대과]

*Chloranthus japonicus* Siebold

줄기는 높이 20~30cm로 마디가 있고 보라색을 띤다. 잎은 길이 8~16cm, 너비 5~6cm, 난형 또는 타원형으로 가장자리에 톱니가 있으며, 줄기 끝에 4장이 모여나는데, 2장씩 마주나지만 돌려난 것처럼 보인다. 꽃은 흰색으로 길이 3cm쯤인 이삭 꽃차례를 이루고, 꽃잎이 없다. 수술대는 3개, 밑부분이 합쳐져 씨방 뒤에 붙는다. 열매는 둥글다.

1 2 3 4 5 6 7 8 9 10 11 12

1989.5.28. 강원도 설악산

열매

## 등칡 [쥐방울덩굴과]

*Aristolochia manshuriensis* Kom.

줄기는 길이 6~7m로 다른 물체를 감고 올라간다. 잎은 길이와 너비가 각각 10~30cm, 둥근 심장 모양으로 어긋나며, 가장자리가 밋밋하다. 꽃은 암수 딴그루, 잎겨드랑이에 1개씩 달리며, 꽃받침통이 구부러져 U자 모양을 이룬다. 암술머리는 3갈래로 얕게 갈라진다. 꽃자루 밑부분에 짧고 부드러운 털이 난다. 열매는 삭과로 긴 타원형이다.

1 2 3 4 5 6 7 8 9 10 11 12

- 분포/경상남도, 경상북도, 충청북도, 강원도, 북부 지방
- 생육지/높은 산 계곡 주변
- 출현 빈도/비교적 드묾
- 생활형/갈잎덩굴나무
- 개화기/5월 초순~6월 초순
- 결실기/10~11월
- 참고/중국 둥베이(東北) 지방과 우수리에도 분포한다.

2002.5.19. 제주도 한라산

- 분포/남부 지방, 제주도
- 생육지/숲 속
- 출현 빈도/비교적 드묾
- 생활형/여러해살이풀
- 개화기/4월 초순~5월 하순
- 결실기/8~9월
- 참고/한국 특산 식물이다. '족도리풀'에 비해 잎이 두껍고, 보통 잎에 흰 무늬가 있다.

## 개족도리 [쥐방울덩굴과]

*Asarum maculatum* Nakai

높이 15~25cm. 원줄기는 없다. 잎은 길이와 너비가 각각 7cm쯤, 심장형으로 앞면은 진한 녹색이고 흰 무늬가 있으며, 뿌리에서 1~3장이 나고, 잎자루는 길다. 꽃은 꽃줄기 끝에 1개씩 피며, 꽃받침통은 검은빛이 도는 자주색으로 족두리 모양, 위쪽이 3갈래로 갈라지고, 갈래는 삼각형이다. 수술은 12개, 암술대는 6개이다.

1 2 3 4 5 6 7 8 9 10 11 12

1997.4.16. 강원도 설악산

## 족도리풀 [쥐방울덩굴과]

*Asarum sieboldii* Miq.

높이 15~25cm. 원줄기는 없다. 잎은 길이와 너비가 각각 5~10cm, 심장형 또는 신장형으로 가장자리가 밋밋하며, 뿌리에서 1~2장이 난다. 잎자루는 자줏빛이다. 꽃은 잎 사이에서 난 꽃줄기 끝에 1개씩 피며, 꽃받침통은 검은빛이 도는 자주색으로 족두리 모양, 위쪽이 3갈래로 갈라진다. 수술은 12개, 암술대는 6개이다. 열매는 둥글다.

1 2 3 4 5 6 7 **8** **9** 10 11 12

- 분포/전국
- 생육지/숲 속
- 출현 빈도/비교적 흔함
- 생활형/여러해살이풀
- 개화기/4월 초순~5월 하순
- 결실기/8~9월
- 참고/한방에서 '세신(細辛)'이라고 하는 약용 식물이다.

2003.4.27. 강원도 점봉산

◆ 분포/강원도 점봉산, 경기도 유명산, 충청북도 화야산, 속리산
◆ 생육지/숲 속 바위틈
◆ 출현 빈도/드묾
◆ 생활형/여러해살이풀
◆ 개화기/4월 초순~5월 하순
◆ 결실기/8~9월
◆ 참고/1995년 일본에서 한국 특산 식물로 발표되었다.

## 무늬족도리 [쥐방울덩굴과]

*Asarum sieboldii* Miq. var. *versicolor* T. Yamaki

높이 10~20cm. 원줄기는 없다. 잎은 길이 5~10cm, 너비 5~8cm, 심장형이며, 홑잎으로 얇고, 앞면에 흰 무늬가 있다. 꽃받침통은 길쭉한 통 모양, 위쪽이 3갈래로 갈라지고, 갈래는 끝이 뾰족해져 위로 꺾인다.

1 2 3 4 5 6 7 8 9 10 11 12

1983.5.4. 전라남도 지리산

## 백작약

[작약과]

*Paeonia japonica* (Makino) Miyabe et Takeda

줄기 높이 50~60cm. 잎은 길이 5~12cm, 도란형 또는 타원형으로 어긋나며, 1~2회 3출 겹잎, 뒷면에 털이 없다. 꽃은 흰색으로 줄기 끝에 1개씩 달리고, 지름 4~5cm, 짙은 향기가 있다. 꽃받침잎은 3장이고 꽃잎은 5~7장이다. 수술은 많고 암술은 3~4개이다. 열매는 골돌로 뒤로 젖혀진다.

1 2 3 4 5 6 7 8 9 10 11 12

- 분포/전국
- 생육지/숲 속
- 출현 빈도/비교적 드묾
- 생활형/여러해살이풀
- 개화기/5월 초순~6월 하순
- 결실기/9~10월
- 참고/꽃이 아름답고 뿌리는 약재로 쓰이기 때문에 무분별하게 채취되고 있다.

1998.5.31. 강원도 임계

열매

- 분포/전국
- 생육지/숲 속
- 출현 빈도/흔함
- 생활형/갈잎덩굴나무
- 개화기/5월 초순~6월 하순
- 결실기/8~10월
- 참고/열매는 맛이 좋다. '쥐다래나무'에 비해 열매가 길쭉하지 않고 둥글다.

## 다래나무

[다래나무과]

*Actinidia arguta* (Siebold et Zucc.) Planch. ex Miq.

줄기는 길이 5~10m로 다른 물체를 감고 올라간다. 잎은 길이 6~12cm, 너비 3.5~7.0cm, 넓은 타원형 또는 타원형으로 어긋나며, 가장자리에 잔 톱니가 있다. 꽃은 흰색으로 암수 딴그루, 취산 꽃차례로 3~10개씩 달리고, 지름 1.0~1.3cm이다. 꽃받침잎과 꽃잎은 각각 5장이다. 열매는 난상 타원형이며, 길이 2~3cm이다.

1 2 3 4 5 6 7 8 9 10 11 12

1994.5.27. 전라남도 지리산

열매

## 쥐다래나무 [다래나무과]

*Actinidia kolomikta* (Rupr. et Maxim.) Maxim.

줄기는 길이 5m로 골 속은 갈색 계단 모양이다. 잎은 길이 7~12cm, 너비 4~8cm로 막질, 밝은 녹색, 긴 타원형 또는 타원형, 밑은 종종 심장 모양이다. 수나무 잎은 위쪽이 흰색 또는 연한 붉은색으로 변하기도 한다. 꽃은 흰색으로 암수 딴그루, 어린 가지 밑쪽에서 1~3개씩 달린다. 열매는 장과로 긴 타원형이며, 길이 1.5~2.5cm이다.

1 2 3 4 5 6 7 8 9 10 11 12

- 분포/전국
- 생육지/숲 속
- 출현 빈도/비교적 흔함
- 생활형/갈잎덩굴나무
- 개화기/6월 초순~7월 하순
- 결실기/9~10월
- 참고/열매가 긴 타원형인 것이 '다래나무'와 다르며, 줄기 골 속이 갈색이어서 흰색인 '개다래나무'와 다르다.

1994.2.15. 제주도

흰색 꽃

열매

- 분포/남부 지방, 대청도 이남 서해안 섬, 울릉도
- 생육지/해안가 숲 속
- 출현 빈도/흔함
- 생활형/늘푸른작은키나무
- 개화기/12월 초순~4월 초순
- 결실기/10월
- 참고/일본과 중국에도 분포한다.

## 동백나무 [차나무과]

*Camellia japonica* L.

줄기 높이 5~20m. 잎은 길이 5~12cm, 너비 3~7cm, 타원형 또는 긴 타원형으로 어긋나며, 홑잎, 두껍고, 가장자리에 잔 톱니가 있다. 잎 앞면은 진한 녹색으로 윤이 난다. 꽃은 잎겨드랑이와 가지 끝에 1개씩 달리고, 보통 붉은색이지만 드물게 흰색, 분홍색도 있다. 꽃잎은 5~7장, 밑은 서로 붙어 있다. 열매는 장과로 둥글며, 익으면 벌어진다.

1 2 3 4 5 6 7 8 9 10 11 12

1998.5.27. 경상북도 울릉도

## 애기똥풀 [양귀비과]

*Chelidonium majus* L. var. *asiaticum* (H. Hara) Ohwi

줄기는 높이 30~90cm로 가지가 많이 갈라진다. 잎은 어긋나며, 1~2회 깃꼴겹잎이다. 잎 앞면은 녹색, 뒷면은 연두색, 가장자리에 둔한 톱니가 있다. 꽃은 노란색으로 원줄기와 가지 끝에서 산형 꽃차례를 이루어 피며, 지름 1.5~3.0cm이다. 꽃잎은 4장, 수술은 많고 암술은 1개이다. 열매는 삭과로 가는 기둥 모양이다.

1 2 3 4 5 6 7 8 9 10 11 12

- 분포/전국
- 생육지/숲 가장자리 또는 마을 근처
- 출현 빈도/매우 흔함
- 생활형/두해살이풀
- 개화기/3월 하순~11월 초순
- 결실기/6~11월
- 참고/줄기나 잎을 자르면 노란색 유액이 나오며, 독이 있다. 꽃은 주로 봄에 피지만 늦가을에도 가끔 볼 수 있다.

1996.4.21. 경기도 천마산

- 분포/전국
- 생육지/숲 속
- 출현 빈도/비교적 흔함
- 생활형/여러해살이풀
- 개화기/3월 하순~5월 초순
- 결실기/5~6월
- 참고/꽃은 보통 파란색 계열만이 나타나며, 길이가 2~3cm로 큰 편이다.

## 왜현호색

[양귀비과]

*Corydalis ambigua* Cham. et Schltdl.

줄기는 높이 13~24cm로 가지가 갈라지기도 한다. 잎은 2~3회 작은잎 3장으로 갈라지는 겹잎이다. 작은잎은 길이 1~3cm, 도란형 또는 긴 타원형으로 가장자리가 밋밋하거나 3갈래로 갈라지는데, 변이가 심하다. 꽃은 자줏빛이 도는 하늘색으로 총상 꽃차례를 이룬다. 화관은 한쪽은 입술 모양이고 다른 한쪽은 거(距)로 된다. 수술은 6개이다. 열매는 삭과로 길쭉하다.

1 2 3 4 5 6 7 8 9 10 11 12

2000.4.15. 경상북도 울릉도

## 섬현호색 [양귀비과]

*Corydalis filistipes* Nakai

줄기는 높이 20~50cm로 잎과 더불어 무성하게 자란다. 덩이줄기는 노란색이다. 잎은 3회 3갈래로 갈라지는 겹잎으로 작은잎은 잘게 갈라진다. 꽃은 흰색으로 길이 10~30cm의 총상 꽃차례를 이루며, 길이 1cm쯤이다. 거(距)는 길이 2~3mm밖에 되지 않는다. 다른 현호색 종류들에 비해 꽃이 덜 발달한다. 열매는 삭과로 길이 1~4cm이다.

1 2 3 4 5 6 7 8 9 10 11 12

- 분포/울릉도
- 생육지/숲 속
- 출현 빈도/드묾
- 생활형/여러해살이풀
- 개화기/3월 하순~4월 하순
- 결실기/4~5월
- 참고/세계적으로 울릉도에서만 자라는 한국 특산 식물이다. 개체 수가 많지 않으므로 보호해야 한다.

1997.4.5. 전라북도 덕유산

- 분포/충청남도 이북
- 생육지/숲 속
- 출현 빈도/비교적 드묾
- 생활형/여러해살이풀
- 개화기/4월 초순～4월 하순
- 결실기/5～6월
- 참고/잎이 가늘게 갈라지는 데서 우리말 이름이 붙여졌다.

## 애기현호색

[양귀비과]

*Corydalis fumariaefolia* Maxim.

줄기는 높이 25cm쯤으로 덩이줄기 위쪽에서 1개가 난다. 잎은 어긋나고, 3회 3갈래로 갈라지며, 다시 깊게 갈라져 코스모스 잎처럼 된다. 꽃은 자주색 또는 하늘색이고 총상 꽃차례로 달린다. 화관은 길이 2cm쯤, 위쪽은 입술 모양, 아래쪽은 조금 구부러진 거(距)로 된다. 수술은 6개이다. 열매는 삭과로 긴 타원형이며, 길이 2cm쯤이다.

1 2 3 4 5 6 7 8 9 10 11 12

1998.3.30. 경상북도 울릉도

## 갯괴불주머니 [양귀비과]

*Corydalis heterocarpa* Siebold et Zucc. var. *japonica* (Franch. et Sav.) Ohwi

줄기는 높이 40~60cm로 보통 붉은빛을 띤다. 잎은 어긋나고, 2~3회 깃꼴로 갈라진다. 꽃은 노란색으로 줄기나 가지 끝에 총상꽃차례를 이룬다. 화관은 길이 2.2~2.5cm이다. 거(距)는 거의 직각으로 휘어져 수직으로 향한다. 수술은 6개이다. 열매는 삭과로 염주 모양이며, 길이 2~3cm이다.

1 2 3 4 5 6 7 8 9 10 11 12

- 분포/울릉도, 제주도
- 생육지/바닷가
- 출현 빈도/비교적 드묾
- 생활형/두해살이풀
- 개화기/3월 초순~4월 하순
- 결실기/5~6월
- 참고/전국의 바닷가에 자라는 기본종인 '염주괴불주머니'에 비해 열매의 너비가 넓고 씨가 2줄로 배열된다.

1991.4.16. 제주도

보라색 꽃과 흰색 꽃

## 자주괴불주머니

[양귀비과]

*Corydalis incisa* (Thunb.) Pers.

- 분포/제주도, 남부 지방
- 생육지/숲 속 또는 풀밭
- 출현 빈도/비교적 흔함
- 생활형/두해살이풀
- 개화기/2월 초순~5월 하순
- 결실기/5~7월
- 참고/꽃이 아름다운 원예 자원이다. 줄기와 잎을 이용하여 천연 염색을 하기도 한다.

줄기는 높이 10~50cm로 겉에 능선이 있다. 잎은 어긋나고, 잎자루가 짧아진다. 뿌리잎은 2회 3갈래로 갈라지는 깃꼴겹잎이다. 꽃은 붉은 보라색 또는 푸른색, 드물게는 흰색으로 줄기나 가지 끝에 발달하는 총상 꽃차례로 핀다. 화관은 길이 2.0~2.4cm이다. 수술은 6개이다. 열매는 삭과로 원통 모양이며, 길이 1.5cm쯤이다.

1 2 3 4 5 6 7 8 9 10 11 12

갯괴불주머니 군락지 2000.5.27. 경상북도 울릉도

1997.4.16. 강원도 설악산

## 산괴불주머니 [양귀비과]

*Corydalis speciosa* Maxim.

줄기는 높이 50cm쯤으로 곧추선다. 잎은 길이 10~15cm로 어긋나며 깃꼴겹잎이다. 꽃은 밝고 진한 노란색으로 총상 꽃차례를 이룬다. 화관은 길이 2cm쯤이며, 한쪽에 조금 구부러진 거(距)가 있다. 수술은 6개, 각각 2개로 갈라진다. 열매는 삭과로 선형이며, 길이 2~3cm이다.

1 2 3 4 5 6 7 8 9 10 11 12

- 분포/전국
- 생육지/숲 속 또는 풀밭
- 출현 빈도/매우 흔함
- 생활형/두해살이풀
- 개화기/3월 초순~6월 초순
- 결실기/5~7월
- 참고/마을 근처의 개울가 등에서 흔하게 자라며, 산 속 훼손된 곳에서도 볼 수 있다.

1996.4.9. 강원도 설악산

연한 자주색 꽃

- 분포/전국
- 생육지/산의 숲 속 또는 풀밭
- 출현 빈도/비교적 흔함
- 생활형/여러해살이풀
- 개화기/3월 하순~5월 초순
- 결실기/5~6월
- 참고/잎의 모양이 대나무 잎처럼 가늘어서 우리말 이름이 붙여졌다.

## 댓잎현호색

[양귀비과]

*Corydalis turtschaninovii* Besser var. *linearis* (Regel) Nakai

줄기는 높이 20cm쯤으로 곧추선다. 줄기 아래쪽에 비늘 모양의 잎이 1장 있다. 잎은 어긋나고 2~3회 3갈래로 갈라지며, 최종 갈래는 긴 타원상 선형이며, 가장자리가 밋밋하다. 꽃은 연한 자주색 또는 보라색으로 줄기나 가지 끝에 5~15개가 총상 꽃차례로 달린다. 꽃자루는 가늘고 위로 갈수록 짧아진다. 수술은 6개이다. 열매는 삭과이다.

1 2 3 4 5 6 7 8 9 10 11 12

1996.5.6. 강원도 설악산

## 금낭화 [양귀비과]

*Dicentra spectabilis* (L.) Lem.

줄기는 높이 60cm쯤으로 곧추서며 가지가 갈라지기도 한다. 잎은 어긋나고 2~3회 갈라진다. 꽃은 옆 또는 아래로 늘어진, 길이 20~30cm의 총상 꽃차례를 이룬다. 화관은 연한 붉은색으로 주머니 모양이다. 꽃잎은 4장, 바깥쪽 2장은 끝이 구부러져 밖으로 젖혀지고, 안쪽 2장은 합쳐져서 돌기처럼 된다. 수술은 6개, 암술은 1개이다. 열매는 삭과로 긴 타원형이다.

1 2 3 4 5 6 7 8 9 10 11 12

- 분포/제주도를 제외한 전국
- 생육지/산 속의 집터 또는 절터
- 출현 빈도/비교적 흔함
- 생활형/여러해살이풀
- 개화기/4월 초순~6월 초순
- 결실기/7~8월
- 참고/꽃이 아름다운 관상 식물이며, 씨앗으로 번식이 잘 된다. 자생 여부에 관한 논란이 있다.

1996.5.6. 강원도 설악산 금낭화 군락지

1999.6.2. 전라남도 지리산

## 매미꽃(노랑매미꽃) [양귀비과]

*Hylomecon hylomeconoides* (Nakai) Y. N. Lee

높이 30cm쯤. 뿌리줄기는 굵고 짧다. 잎은 뿌리에서 모여나며, 작은잎 3~7장으로 된 깃꼴겹잎이다. 잎을 자르면 빨간 유액이 나온다. 꽃은 노란색으로 뿌리에서 난 꽃줄기 끝에 1~10개씩 산형 꽃차례로 달린다. 꽃자루는 길이가 불규칙하다. 꽃잎은 보통 4장이며 둥근 난형이다. 수술은 많다. 열매는 삭과이다.

1 2 3 4 5 6 7 8 9 10 11 12

- 분포/경상남도, 전라남도, 전라북도
- 생육지/숲 속
- 출현 빈도/드묾
- 생활형/여러해살이풀
- 개화기/5월 하순~7월 중순
- 결실기/6~8월
- 참고/한국 특산 식물이다. 지리산 등지에 자라며, 꽃이 피는 시기가 늦고 잎이 달린 줄기가 없으므로 피나물과 구분된다.

1993.4.28. 경기도 천마산

- 분포/전라남도 백암산 이북
- 생육지/숲 속
- 출현 빈도/비교적 흔함
- 생활형/여러해살이풀
- 개화기/4월 초순~5월 초순
- 결실기/5~6월
- 참고/줄기나 잎을 자르면 누런빛이 도는 붉은 유액이 나온다.

## 피나물 [양귀비과]

*Hylomecon vernale* Maxim.

줄기 높이 30cm쯤. 뿌리잎은 잎자루가 길며, 작은잎 5~7장으로 이루어진 깃꼴겹잎이다. 줄기잎은 어긋나고, 작은잎 5~7장으로 이루어진다. 꽃은 노란색으로 잎겨드랑이에서 나는 꽃자루에 1개씩, 드물게는 2~3개씩 핀다. 꽃받침잎은 2장으로 녹색이다. 꽃잎은 4~5장이며 윤이 조금 난다. 열매는 삭과로 길이 3~5cm이다.

1 2 3 4 5 6 7 8 9 10 11 12

1995.5.31. 강원도 가리왕산

## 큰산장대 [십자화과]

*Arabis gemmifera* (Matsum.) Makino

줄기는 길이 15~30cm로 모여나고 곧추 서거나 누워 자란다. 뿌리잎은 길이 2~3cm, 깃꼴로 갈라지고, 둔한 톱니가 있다. 줄기잎은 어긋나고 잎자루가 없으며 끝이 뾰족하다. 꽃은 흰색으로 총상 꽃차례로 달리고, 지름 0.5~0.7cm이다. 꽃받침잎은 4장, 타원형이다. 꽃잎은 4장이다. 열매는 장각과로 길이 1~2cm이다.

1 2 3 4 5 6 7 8 9 10 11 12

- 분포/전국
- 생육지/높은 산 숲 속 또는 능선
- 출현 빈도/비교적 흔함
- 생활형/여러해살이풀
- 개화기/5월 초순~6월 하순
- 결실기/7~8월
- 참고/보통은 누워 자라며, 높은 산 능선에 난 등산로 옆에서 볼 수 있다.

1998.4.3. 경상북도 울릉도

- 분포/전라남도, 제주도, 울릉도 및 남해안 섬 지방 바닷가
- 생육지/바닷가 모래땅 또는 바위틈
- 출현 빈도/비교적 흔함
- 생활형/두해살이풀
- 개화기/3월 하순~5월 하순
- 결실기/6~7월
- 참고/잎에 윤기가 있어서 쉽게 구분할 수 있다.

## 섬갯장대

[십자화과]

*Arabis stelleri* DC. var. *japonica* F. Schmidt

줄기는 높이 20~40cm로 곧추서고 가지가 갈라지기도 한다. 뿌리잎은 길이 3~7cm, 너비 0.8~2.5cm로 여러 장이 모여나며, 가장자리에 톱니가 조금 있다. 줄기잎은 길이 2.0~5.5cm, 긴 타원형 또는 난상 타원형으로 밑이 줄기를 감싼다. 꽃은 흰색으로 총상꽃차례로 달린다. 열매는 장각과로 길이 4~6cm, 줄기와 거의 수평으로 달린다.

1 2 3 4 5 6 7 8 9 10 11 12

2000.4.15. 경상북도 울릉도

## 섬장대 [십자화과]

*Arabis takesimana* Nakai

줄기는 높이 20~50cm로 가지가 갈라지기도 한다. 뿌리잎은 모여나며 쐐기 모양이다. 줄기잎은 어긋나고 긴 타원형 또는 피침형, 잎자루가 없고 밑이 줄기를 감싼다. 잎 가장자리는 밋밋하거나 이 모양의 톱니가 있다. 꽃은 흰색으로 줄기 끝에 총상 꽃차례로 여러 개가 달린다. 꽃받침잎은 길이 6mm쯤이다. 열매는 장각과로 길이 6~7cm이다.

1 2 3 4 5 6 7 8 9 10 11 12

- 분포/울릉도
- 생육지/바닷가 산지
- 출현 빈도/드묾
- 생활형/두해살이풀
- 개화기/4월 중순~5월 하순
- 결실기/6~7월
- 참고/한국 특산 식물이다. 바닷가에 자라는 '섬갯장대'와는 달리 해안 근처의 산기슭 또는 길가에 자란다.

1998.3.27. 경상북도 문경

- 분포/전국
- 생육지/풀밭
- 출현 빈도/매우 흔함
- 생활형/두해살이풀
- 개화기/3월 초순~5월 하순
- 결실기/5~7월
- 참고/'나시' 또는 '나생이'라고도 하며, 봄철에 대표적인 국거리로 이용되고 있다.

## 냉이 [십자화과]

*Capsella bursa-pastoris* (L.) Medik.

줄기는 높이 10~50cm로 곧추선다. 뿌리잎은 길이 10cm 이상으로 여러 장이 모여나서 땅 위에 퍼지고 깃꼴로 갈라진다. 줄기잎은 어긋나며 피침형이다. 꽃은 흰색으로 줄기와 가지 끝에 총상 꽃차례로 달린다. 꽃받침잎은 4장, 타원형이다. 꽃잎은 4장, 주걱 모양, 길이 2.0~2.5mm이다. 열매는 단각과로 삼각형이며, 끝이 오목하다.

| 1 | 2 | 3 | 4 | 5 | 6 | 7 | 8 | 9 | 10 | 11 | 12 |
|---|---|---|---|---|---|---|---|---|---|---|---|

1980.5.6. 전라남도 지리산

## 꽃황새냉이 [십자화과]

*Cardamine amaraeformis* Nakai

땅위줄기는 높이 15~50cm로 곧추선다. 뿌리잎은 모여나고 깃꼴로 갈라진다. 줄기잎은 어긋나고 3~7장의 작은잎으로 갈라진다. 작은잎은 피침형, 톱니가 조금 있다. 꽃은 흰색으로 총상 꽃차례로 달린다. 꽃받침잎은 4장으로 끝이 둔하다. 꽃잎은 4장, 길이 1cm쯤이다. 수술은 4강 웅예, 암술은 1개이다. 열매는 장각과이다.

1 2 3 4 5 6 7 8 9 10 11 12

- 분포/제주도를 제외한 전국
- 생육지/계곡 주변
- 출현 빈도/비교적 드묾
- 생활형/여러해살이풀
- 개화기/4월 하순~6월 하순
- 결실기/9~10월
- 참고/높은 산 계곡에 자라며, 꽃이 아름답다. '큰황새냉이 *C. scutata* Thunb.'와 비슷하지만 꽃잎이 2배쯤 길다.

1996.5.24. 강원도 설악산

- 분포/전국
- 생육지/계곡 주변
- 출현 빈도/비교적 흔함
- 생활형/여러해살이풀
- 개화기/4월 하순~7월 초순
- 결실기/7~10월
- 참고/꽃이 아름다운 원예 자원이다. 어린순을 나물로 먹기도 하는데, 날로 먹으면 매운맛이 난다.

## 는쟁이냉이 [십자화과]

*Cardamine komarovi* Nakai

줄기는 높이 30~50cm로 곧추선다. 뿌리잎은 길이 8cm쯤으로 모여난다. 줄기잎은 어긋나고 길이 2~8cm이다. 잎 가장자리에 불규칙한 톱니가 있고, 잎이 잎자루 쪽으로 날개처럼 흐른다. 꽃은 흰색으로 총상 꽃차례로 달리며, 지름 1cm쯤이다. 꽃받침잎과 꽃잎은 각각 4장이다. 열매는 장각과로 길이 2~3cm이다.

1 2 3 4 5 6 7 8 9 10 11 12

1996.5.25. 강원도 설악산

## 미나리냉이 [십자화과]

*Cardamine leucantha* (Tausch) O.E. Schulz

줄기는 높이 50cm쯤으로 곧추선다. 잎은 길이 15cm쯤으로 어긋나며, 작은잎 3~7장으로 이루어진 겹잎이다. 작은잎은 길이 4~8cm, 너비 1~3cm로 불규칙한 톱니가 있다. 꽃은 흰색으로 총상 꽃차례를 이룬다. 꽃받침잎은 녹색으로 타원형이다. 꽃잎은 타원형, 길이는 8~10mm이다. 수술은 6개, 4강 웅예이다. 암술은 1개이다. 열매는 장각과이다.

1 2 3 4 5 6 7 8 9 10 11 12

- 분포/전국
- 생육지/냇가와 계곡
- 출현 빈도/비교적 흔함
- 생활형/여러해살이풀
- 개화기/4월 초순~5월 하순
- 결실기/8~9월
- 참고/어린순을 나물로 먹으며, 뿌리줄기를 약으로 쓴다.

1990.4.8. 경기도 광주

- 분포/전국
- 생육지/풀밭
- 출현 빈도/매우 흔함
- 생활형/두해살이풀
- 개화기/3월 초순~5월 초순
- 결실기/6~7월
- 참고/마을 근처에 흔하게 자라며, 어린순을 나물로 먹는다.

## 꽃다지 [십자화과]

*Draba nemorosa* L.

줄기는 높이 10~20cm로 곧추선다. 뿌리잎은 길이 2~4cm, 주걱 모양으로 가장자리에 톱니가 있다. 줄기잎은 길이 1~3cm로 좁은 난형 또는 긴 타원형이다. 꽃은 노란색으로 총상 꽃차례로 달린다. 꽃받침잎은 4장, 타원형이다. 꽃잎은 4장, 길이 3mm쯤이다. 암술대는 매우 짧아서 없는 것처럼 보인다. 열매는 각과로 타원형이다.

1 2 3 4 5 6 7 8 9 10 11 12

1997.4.28. 경상북도 울릉도

## 고추냉이

[십자화과]

*Wasabia japonica* (Miq.) Matsum.

줄기 높이 20~40cm. 땅속줄기는 굵은 기둥 모양이다. 뿌리잎은 길이와 너비가 각각 8~10cm, 가장자리에 톱니가 있다. 줄기잎은 길이 3~4cm이다. 꽃은 흰색으로 총상 꽃차례로 핀다. 꽃받침잎은 타원형, 길이 4mm쯤이다. 꽃잎은 긴 타원형, 길이 6mm쯤이다. 수술은 4강 웅예, 암술은 1개이다. 열매는 장각과로 길이 1.7cm쯤이다.

1 2 3 4 5 6 7 8 9 10 11 12

- 분포/울릉도
- 생육지/계곡
- 출현 빈도/비교적 드묾
- 생활형/여러해살이풀
- 개화기/3월 하순~4월 하순
- 결실기/7~8월
- 참고/땅속줄기를 갈아서 매운맛이 나는 향신료 '와사비'를 만든다. 꽃줄기는 열매가 익을 때쯤 길어져 땅에 닿고, 여기서 새싹이 돋기도 한다.

1987.5.9. 전라남도 지리산

꽃

열매

- 분포/경기도(백운산), 경상남도, 전라남도, 전라북도
- 생육지/숲 속
- 출현 빈도/매우 드묾
- 생활형/갈잎떨기나무
- 개화기/3월 하순~4월 하순
- 결실기/8~9월
- 참고/한국 특산 식물이다. '송광납판화' 라고도 한다. 주로 남부 지방에 자라지만 경기도 포천 백운산에 격리 분포하는 점이 흥미롭다.

## 히어리 [조록나무과]

*Corylopsis coreana* Uyeki

줄기 높이 3~5m. 잎은 길이 5~9cm, 너비 4~8cm로 어긋나며, 난상 원형, 물결 모양의 뾰족한 톱니가 있다. 잎자루는 길이 1.5~3.0cm이다. 꽃은 노란색으로 잎보다 먼저 피며, 길이 3~4cm의 총상 꽃차례로 8~12개씩 달린다. 꽃받침, 꽃잎, 수술은 각각 5개이다. 열매는 삭과로 둥글고 털이 많다. 씨는 검은색이다.

1 2 3 4 5 6 7 8 9 10 11 12

2003.6.1. 경기도 분당

## 돌나물 [돌나물과]

*Sedum sarmentosum* Bunge

줄기는 길이 20cm쯤으로 밑에서 가지가 갈라지며, 마디에서 수염뿌리가 내린다. 잎은 길이 1.5~2.0cm, 너비 0.5cm쯤으로 긴 타원형, 보통 3장씩 돌려나며 잎자루가 없다. 꽃은 노란색으로 취산 꽃차례로 달린다. 꽃받침잎은 5장이다. 꽃잎은 5장, 긴 타원형이다. 수술은 10개, 암술은 5개이다. 열매는 골돌로 비스듬히 벌어진다.

| 1 | 2 | 3 | 4 | 5 | 6 | 7 | 8 | 9 | 10 | 11 | 12 |
|---|---|---|---|---|---|---|---|---|---|---|---|

- 분포/전국
- 생육지/숲 속
- 출현 빈도/비교적 흔함
- 생활형/여러해살이풀
- 개화기/5월 초순~6월 하순
- 결실기/9~10월
- 참고/연한 순을 양념에 무쳐 먹거나 물김치를 담가 먹는다.

1997.4.16. 강원도 설악산

- 분포/속리산 이북
- 생육지/계곡 바위틈
- 출현 빈도/비교적 흔함
- 생활형/여러해살이풀
- 개화기/4월 초순~5월 초순
- 결실기/7~8월
- 참고/속명(*Aceriphyllum*)은 '단풍나무 잎을 닮았다'는 뜻이다.

## 돌단풍

[범의귀과]

*Aceriphyllum rossii* (Oliv.) Engl.

뿌리줄기는 옆으로 뻗는다. 잎은 단풍잎 모양으로 잔 톱니가 있고, 뿌리에서 모여나며 잎자루가 길다. 꽃은 연한 붉은색을 띤 흰색으로 높이 30~50cm의 꽃줄기에 취산 꽃차례로 달리고, 지름 1.2~1.5cm이다. 꽃받침잎은 6장, 흰색이다. 꽃잎은 6장, 꽃받침잎보다 짧다. 수술은 6개이다. 열매는 삭과로 난형이다.

1 2 3 4 5 6 7 8 9 10 11 12

1998.4.2. 경상북도 울릉도

## 애기괭이눈 [범의귀과]

*Chrysosplenium flagelliferum* F. Schmidt

꽃이 피지 않는 무성지가 발달한다. 꽃이 필 때의 잎은 길이 1cm쯤이지만 무성지 끝에서 난 로제트형 잎은 길이 4cm, 너비 6cm쯤이다. 잎은 어긋난다. 꽃은 느슨한 취산 꽃차례를 이룬다. 꽃받침잎은 넓은 타원형, 녹색이지만 꽃밥이 터질 때 노란색을 조금 띠기도 한다. 수술은 8개, 꽃밥은 노란색이다. 열매는 삭과로 수평으로 벌어지는 잔 모양이다.

1 2 3 4 5 6 7 8 9 10 11 12

- 분포/제주도를 제외한 전국
- 생육지/계곡
- 출현 빈도/비교적 흔함
- 생활형/여러해살이풀
- 개화기/3월 하순~4월 하순
- 결실기/5~6월
- 참고/꽃이 필 때와 그 이후의 모습이 완전히 달라지기 때문에 다른 식물로 혼동하는 경우가 있다.

1999.4.11. 경기도 천마산

- 분포/강원도, 경기도, 제주도, 충청북도
- 생육지/숲 속 계곡
- 출현 빈도/비교적 드묾
- 생활형/여러해살이풀
- 개화기/4월 초순~5월 하순
- 결실기/6~7월
- 참고/열매가 익은 다음에는 줄기와 잎이 시들어 없어지므로 관찰을 할 수 없다.

## 산괭이눈 [범의귀과]

*Chrysosplenium japonicum* (Maxim.) Makino

줄기 높이 5~20cm. 꽃이 피지 않는 무성지가 생기지 않는다. 잎은 어긋나고, 신장형 또는 원형, 가장자리에 톱니가 있다. 꽃은 노란빛이 도는 녹색으로 줄기 끝에 취산 꽃차례로 6~15개가 달린다. 포엽은 녹색이다. 꽃잎처럼 보이는 꽃받침잎은 옆으로 펼쳐지며, 꽃밥이 터질 때 밑부분이 노란색으로 변하기도 한다. 열매는 삭과로 넓게 벌어지는 잔 모양이다.

1 2 3 4 5 6 7 8 9 10 11 12

2002.3.24. 전라남도 백양사

## 흰털괭이눈 [범의귀과]

*Chrysosplenium pilosum* Maxim. var. *fulvum* (A. Terracc.) H. Hara

꽃이 피지 않는 무성지가 발달하고, 꽃줄기와 잎에 흰 털이 많다. 잎은 마주나고, 꽃이 진 다음 더 크게 자라는데, 여름에는 길이 3.0cm, 너비 2.5cm에 이른다. 꽃잎은 없고, 꽃받침잎이 꽃잎처럼 보인다. 꽃받침잎은 노란색으로 수직으로 선다. 꽃을 받치고 있는 포엽은 꽃밥이 터질 때 녹색이다. 열매는 삭과로 뿔 모양이다.

1 2 3 4 5 6 7 8 9 10 11 12

- 분포/전국
- 생육지/계곡
- 출현 빈도/비교적 드묾
- 생활형/여러해살이풀
- 개화기/3월 하순~5월 초순
- 결실기/5~6월
- 참고/일본에도 분포한다. '천마괭이눈'에 비해 꽃과 열매의 크기가 조금 더 크다.

2000.4.23. 강원도 광덕산

- 분포/제주도를 제외한 전국
- 생육지/숲 속 계곡
- 출현 빈도/비교적 흔함
- 생활형/여러해살이풀
- 개화기/4월 초순~5월 하순
- 결실기/5~7월
- 참고/한국 특산 식물이다. '흰털괭이눈'과 비슷하지만, 꽃밥이 터질 즈음 꽃을 받치고 있는 포엽이 노란색을 띠어 구분된다.

## 천마괭이눈 [범의귀과]

*Chrysosplenium pilosum* Maxim. var. *valdepilosum* Ohwi

꽃줄기 밑에서 무성지가 1~2쌍 발달한다. 무성지는 전체적으로 자줏빛이 돈다. 잎은 마주난다. 중간에 달리는 잎은 부채꼴이고, 위쪽 잎은 반원형 또는 원형이다. 여름이 되면 털이 많아진다. 꽃줄기에 난 잎은 1~2쌍, 좁은 부채꼴, 톱니가 4~6개 있다. 꽃받침잎은 수직으로 선다. 수술은 8개, 꽃밥은 노란색이다. 열매는 삭과로 뿔 모양이다.

1 2 3 4 5 6 7 8 9 10 11 12

2000.4.9. 강원도 금대봉

## 선괭이눈 [범의귀과]

*Chrysosplenium pseudo-fauriei* H. Lév.

꽃이 피지 않는 무성지가 발달하며, 그 끝에 로제트형 잎이 형성된다. 잎은 마주나며 도란형이다. 줄기잎은 길이 2.0cm, 너비 1.2cm이지만 로제트형 잎은 길이 4~6cm, 너비 3~4cm에 이른다. 꽃줄기는 길이 5~12cm이다. 꽃은 노란색으로 취산 꽃차례로 달린다. 꽃잎처럼 보이는 꽃받침잎은 수직으로 서며, 꽃밥이 터질 때 포엽과 함께 노란색이다. 수술은 8개이다. 열매는 삭과로 뿔 모양이다.

1 2 3 4 5 6 7 8 9 10 11 12

- 분포/강원도, 경기도, 경상북도, 제주도, 북부지방
- 생육지/높은 산 습지
- 출현 빈도/비교적 드묾
- 생활형/여러해살이풀
- 개화기/4월 초순~5월 하순
- 결실기/6~7월
- 참고/로제트형 잎의 밑부분을 제외하고는 전체에 털이 없다.

2002.4.21. 강원도 태백산

선괭이눈 군락지

1999.5.30. 강원도 태백산

## 가지괭이눈 [범의귀과]

*Chrysosplenium ramosum* Maxim.

꽃이 피지 않는 무성지가 길게 뻗는다. 잎은 마주나고 둥근 부채꼴이며 가장자리에 톱니가 있다. 꽃줄기는 높이 5~15cm이다. 꽃은 녹색으로 조금 느슨한 취산 꽃차례로 피며, 지름 3~5mm로 작은 편이다. 꽃받침잎은 수평으로 벌어진다. 포엽은 녹색이다. 수술은 8개, 꽃받침잎보다 짧다. 열매는 삭과로, 수평으로 벌어지는 잔 모양이다.

1 2 3 4 5 6 7 8 9 10 11 12

- 분포/강원도, 경상북도, 북부 지방
- 생육지/높은 산 숲 속 습지
- 출현 빈도/드묾
- 생활형/여러해살이풀
- 개화기/5월 중순~6월 중순
- 결실기/7~8월
- 참고/우리 나라에 자라는 괭이눈속 식물 중에서 꽃이 가장 늦게 핀다.

1998.4.18. 경상북도 운달산

분홍색 꽃

- 분포/제주도를 제외한 전국
- 생육지/양지바른 곳의 바위틈
- 출현 빈도/비교적 흔함
- 생활형/갈잎떨기나무
- 개화기/4월 초순~5월 하순
- 결실기/9~10월
- 참고/한국 특산 식물이다. 바위틈에 잘 붙어 살며, 꽃이 아름다운 원예 자원이다.

## 매화말발도리 [범의귀과]

*Deutzia coreana* H. Lév.

줄기 높이 1m쯤. 오래 된 가지는 껍질이 벗겨져 회백색이다. 잎은 길이 4~7cm, 너비 1~3cm, 긴 타원형 또는 피침형으로 겹톱니가 있으며 마주난다. 잎자루는 길이 3~5mm, 5갈래로 갈라진 별 모양의 털이 많다. 꽃은 흰색으로 지난 해 가지의 잎겨드랑이에 1~2개씩 달린다. 열매는 삭과로 별 모양의 털이 난다.

1 2 3 4 5 6 7 8 9 10 11 12

2000.4.16. 경상북도 의성

열매

## 까마귀밥여름나무 [범의귀과]

*Ribes fasciculatum* Siebold et Zucc. var. *chinense* Maxim.

줄기는 높이 1.0~1.5m로 가시가 없다. 잎은 길이 3~10cm, 너비 3~8cm로 어긋나며, 넓은 난형, 3~5갈래로 갈라지고, 가장자리에 둔한 톱니가 있다. 잎 뒷면에 부드러운 흰색 털이 많다. 잎자루는 부드러운 털이 많고 길이 1.5~3.0cm이다. 꽃은 암수 딴그루 또는 암수 한그루, 짧은 가지 끝에 2~5개씩 달리며, 연한 노란색이다. 열매는 둥근 장과로 붉게 익는다.

1 2 3 4 5 6 7 8 9 10 11 12

- 분포/전국
- 생육지/산기슭 또는 골짜기
- 출현 빈도/비교적 흔함
- 생활형/갈잎떨기나무
- 개화기/4월 초순~5월 하순
- 결실기/9~10월
- 참고/가을에 익는 열매가 아름답고 키우기도 쉬우므로 생울타리용으로 심으면 좋다.

1996.6.7. 강원도 설악산

## 까치밥나무 [범의귀과]

*Ribes mandshuricum* (Maxim.) Kom.

- 분포/지리산, 덕유산, 강원도 이북
- 생육지/높은 산 숲 속
- 출현 빈도/드묾
- 생활형/갈잎떨기나무
- 개화기/4월 하순~5월 하순
- 결실기/9~10월
- 참고/열매를 먹을 수 있다.

줄기는 높이 1~2m로 가지가 굵다. 잎은 길이 5~10cm, 너비 4~8cm로 어긋나며 손바닥 모양, 3~5갈래로 갈라지고, 겹톱니가 있다. 잎자루는 길이 1~6cm이다. 꽃은 녹색이 도는 노란색으로 양성, 길이 10cm쯤의 총상 꽃차례로 40개쯤 달린다. 꽃잎은 뒤로 젖혀진다. 수술은 길게 밖으로 나오며 암술대는 2개이다. 열매는 둥근 장과로 검붉게 익는다.

1 2 3 4 5 6 7 8 9 10 11 12

1984.5.23. 제주도

열매와 씨

## 돈나무 [돈나무과]

*Pittosporum tobira* (Thunb.) Aiton

줄기는 높이 2~3m로 가지가 많이 갈라진다. 잎은 길이 4~10cm, 너비 2~4cm로 가지 끝에 모여 마주나며, 긴 도란형, 가장자리가 뒤로 말린다. 꽃은 양성으로 취산 꽃차례로 달리며, 흰색에서 노란색으로 변한다. 꽃받침, 꽃잎, 수술은 각각 5개이다. 열매는 삭과로 원형 또는 넓은 타원형이며, 익으면 3~4갈래로 터져서 붉은 씨가 나온다.

1 2 3 4 5 6 7 8 9 10 11 12

- 분포/제주도, 남부 지방
- 생육지/바닷가 숲 속
- 출현 빈도/비교적 흔함
- 생활형/늘푸른떨기나무
- 개화기/5월 초순~6월 하순
- 결실기/10~11월
- 참고/꽃과 열매가 모두 아름다운 원예 자원이지만 중부 지방에서는 월동이 불가능하다.

열매

1998.5.29. 경상북도 울릉도

- 분포/울릉도
- 생육지/바위 지대
- 출현 빈도/매우 드묾
- 생활형/갈잎떨기나무
- 개화기/5월 초순~6월 초순
- 결실기/8~9월
- 참고/멸종 위기에 처한 한국 특산 식물이다. 북방계 식물이며, 도동의 자생지가 천연 기념물로 지정되어 있다.

## 섬개야광나무 [장미과]

*Cotoneaster wilsonii* Nakai

줄기 높이 1.5m쯤. 잎은 어긋나며, 잎자루는 짧고 털이 있다. 잎은 길이 2~5cm, 난형 또는 타원형, 가장자리가 밋밋하다. 턱잎은 선형으로 잎이 질 때까지 남아 있다. 꽃은 붉은빛이 조금 도는 흰색으로 산방상 원추 꽃차례로 달린다. 꽃잎은 수술보다 길며, 길이 3mm쯤이다. 열매는 난형, 길이 6mm쯤으로 검붉게 익는다.

1 2 3 4 5 6 7 8 9 10 11 12

1987.5.5. 경기도 관악산

열매

## 산사나무 [장미과]

*Crataegus pinnatifida* Bunge

줄기는 높이 4~8m로 가시가 있다. 수피는 회색이다. 잎은 길이 6~8cm, 너비 5~6cm로 어긋나며, 난형 또는 도란형, 깃꼴로 갈라진다. 잎 뒷면은 맥을 따라 털이 난다. 잎자루는 길이 2~6cm이다. 꽃은 흰색으로 15~20개가 산방 꽃차례로 핀다. 꽃받침은 종 모양이며 겉에 털이 있다. 열매는 둥근 이과로 붉게 익으며 흰 반점이 있다.

1 2 3 4 5 6 7 8 9 10 11 12

- 분포/전국
- 생육지/숲 속
- 출현 빈도/비교적 흔함
- 생활형/갈잎작은키나무
- 개화기/4월 하순~5월 하순
- 결실기/9~10월
- 참고/열매는 술을 담그거나 한약재로 쓴다.

1998.4.3. 경상북도 울릉도

열매

- 분포/전국
- 생육지/풀밭이나 숲 가장자리
- 출현 빈도/매우 흔함
- 생활형/여러해살이풀
- 개화기/4월 초순~5월 하순
- 결실기/6~7월
- 참고/열매를 먹을 수 있다.

# 뱀딸기

[장미과]

*Duchesnea chrysantha* (Zoll. et Moritzi) Miq.

줄기는 땅 위에 길게 뻗는다. 전체에 긴 털이 많다. 잎은 어긋나고, 작은잎 3장으로 된 겹잎이다. 작은잎은 길이 2.0~3.5cm, 너비 1~3cm로 난상 타원형, 가장자리에 겹톱니가 있다. 꽃은 노란색으로 잎겨드랑이의 긴 꽃자루에 1개씩 핀다. 부꽃받침잎은 꽃받침잎보다 조금 크다. 꽃잎은 넓은 난형으로 길이 5~10mm이다. 열매는 수과로 육질의 붉은 화탁 겉에 흩어져 붙어 있다.

1 2 3 4 5 6 7 8 9 10 11 12

2002.4.6. 강원도 영월

## 가침박달 [장미과]

*Exochorda serratifolia* S. Moore

줄기 높이 2~5m. 잎은 길이 5~9cm, 너비 3~5cm로 어긋나며, 타원형 또는 긴 타원형, 가장자리 위쪽에 톱니가 있다. 잎자루는 길이 1~2cm이다. 꽃은 흰색으로 햇가지 끝에 총상 꽃차례로 4~6개씩 달리며, 지름 3.5~4.0cm이다. 꽃잎은 도란형이며 끝이 오목하다. 열매는 삭과로 난형이며 능선이 있다.

1 2 3 4 5 6 7 8 9 10 11 12

- 분포/제주도를 제외한 전국
- 생육지/산기슭
- 출현 빈도/비교적 드묾
- 생활형/갈잎떨기나무
- 개화기/4월 초순~5월 하순
- 결실기/9~10월
- 참고/꽃은 아름답고 향기도 좋다. 석회암 지대에서 잘 자란다.

2003.6.15. 제주도 한라산

- 분포/한라산
- 생육지/높은 산 숲 속
- 출현 빈도/매우 드묾
- 생활형/여러해살이풀
- 개화기/5월 하순~7월 초순
- 결실기/7~8월
- 참고/백두산 등 북부 지방에 자라는 변종인 '땃딸기 *F. nipponica* var. *yezoensis* (H. Hara) Kitam.'에 비해 전체적으로 크기가 작다.

## 흰땃딸기 [장미과]

*Fragaria nipponica* Makino

기는줄기는 길이 10~30cm로 자줏빛이 돈다. 뿌리잎은 모여나고, 작은잎 3장으로 이루어진 겹잎이다. 작은잎은 길이 2~4cm, 너비 1.5~3.0cm로 도란형이다. 꽃은 흰색으로 꽃줄기에 1~4개가 달리며, 지름 1.5~2.0cm이다. 꽃받침잎은 5장, 부꽃받침잎은 5갈래로 갈라진다. 꽃잎은 5장, 꽃받침잎보다 조금 길다. 열매는 수과이다.

1 2 3 4 5 6 7 8 9 10 11 12

1998.5.14. 충청북도 단양

## 나도국수나무 [장미과]

*Neillia uekii* Nakai

줄기는 높이 1~2m로 곧추선다. 잎은 길이 5~8cm, 너비 2~4cm로 어긋나며, 난형, 겹톱니가 있다. 잎자루는 길이 0.5~1.5cm이다. 꽃은 흰색으로 길이 4~9cm의 총상 꽃차례로 10~25개가 달린다. 꽃차례에 별 모양의 털이 많다. 꽃잎은 난형, 꽃받침보다 길다. 꽃받침통에 샘털이 난다. 열매는 골돌로 난형이며, 꽃받침통이 남아 있다.

1 2 3 4 5 6 7 8 9 10 11 12

- 분포/강원도, 경기도, 전라남도, 충청도, 북부 지방
- 생육지/산기슭
- 출현 빈도/비교적 드묾
- 생활형/갈잎떨기나무
- 개화기/5월 초순~6월 초순
- 결실기/8~9월
- 참고/세계적으로 우리나라와 중국 둥베이(東北) 지방에만 자라는 희귀 식물이다.

1984.5.14. 강원도 설악산

- 분포/전국
- 생육지/산이나 들
- 출현 빈도/흔함
- 생활형/여러해살이풀
- 개화기/4월 초순~6월 초순
- 결실기/6~8월
- 참고/양지바른 곳에서 흔하게 볼 수 있는 대표적인 봄꽃이다.

## 양지꽃

[장미과]

*Potentilla fragarioides* L. var. *major* Maxim.

줄기는 길이 30~50cm로 기울어진다. 뿌리잎은 여러 장이 사방으로 퍼지며 깃꼴겹잎이다. 작은잎은 3~13장으로 아래쪽으로 갈수록 작아진다. 줄기잎은 작은잎 3장으로 이루어진 겹잎이다. 꽃은 노란색으로 지름 1.5~2.0cm이다. 꽃잎은 5장, 끝이 오목하게 들어가고, 꽃받침잎보다 2배쯤 길다. 열매는 수과로 털이 있다.

1 2 3 4 5 6 7 8 9 10 11 12

1991.4.5. 충청북도 월악산

## 세잎양지꽃 [장미과]

*Potentilla freyniana* Bornm.

줄기 길이 15~30cm. 뿌리잎은 모여나며, 작은잎 3장으로 이루어진 겹잎이다. 작은잎은 길이 2~5cm, 너비 1~3cm로 긴 타원형 또는 도란형이다. 줄기잎도 작은잎 3장으로 이루어지지만 조금 작다. 꽃은 노란색으로 취산 꽃차례로 피며, 지름 1.0~1.5cm이다. 꽃받침잎은 5장, 끝이 날카롭다. 부꽃받침은 선형이다. 꽃잎은 5장, 도란상 원형, 끝이 오목하게 들어간다. 열매는 수과이다.

1 2 3 4 5 6 7 8 9 10 11 12

- 분포/전국
- 생육지/산과 들
- 출현 빈도/흔함
- 생활형/여러해살이풀
- 개화기/3월 초순~4월 하순
- 결실기/7~8월
- 참고/잎이 항상 작은잎 3장으로 이루어지므로, 작은잎이 여러 장인 '양지꽃'과 구분할 수 있다.

1997.5.18. 경기도 분당

- 분포/전국
- 생육지/저지대 습지
- 출현 빈도/흔함
- 생활형/여러해살이풀
- 개화기/4월 하순~7월 하순
- 결실기/8~9월
- 참고/잎이 작은잎 5장으로 이루어져 있어, 손바닥 모양을 닮았으므로 쉽게 구분할 수 있다.

## 가락지나물 [장미과]

*Potentilla kleiniana* Wight et Arn.

줄기는 길이 20~60cm로 땅 위로 뻗는다. 뿌리잎은 모여나며, 작은잎 5장으로 이루어진 겹잎이다. 작은잎은 길이 1.5~5.0cm, 너비 0.8~2.0cm로 긴 타원형이다. 꽃은 노란색으로 취산 꽃차례로 피며, 지름 8mm쯤이다. 꽃받침잎은 5장, 난형 또는 피침형이다. 꽃잎은 5장, 끝이 오목하다. 열매는 수과로 겉에 세로로 주름이 지며 털이 없다.

1 2 3 4 5 6 7 8 9 10 11 12

1985.5.6. 제주도 한라산

## 민눈양지꽃 [장미과]

*Potentilla yokusaiana* Makino

줄기는 길이 10~20cm로 땅 위를 긴다. 뿌리잎과 줄기잎은 모두 작은잎 3장으로 이루어진 겹잎이다. 작은잎은 길이 1.5~4.0cm, 너비 1.2~3.0cm로 사각상 난형, 깊고 날카로운 톱니가 있다. 꽃은 노란색으로 지름 1.5~2.0cm이다. 꽃받침잎은 5장, 넓은 피침형이다. 부꽃받침잎은 끝이 3갈래로 갈라지기도 한다. 꽃잎은 5장이다. 열매는 수과로 털이 없다.

1 2 3 4 5 6 7 8 9 10 11 12

- 분포/중부 지방 이남
- 생육지/숲 속
- 출현 빈도/비교적 드묾
- 생활형/여러해살이풀
- 개화기/5월 초순~6월 하순
- 결실기/8~9월
- 참고/잎 가장자리에 예리한 톱니가 있어서 양지꽃속의 다른 종들과 구분할 수 있다.

2002.5.12. 강원도 가리왕산

- 분포/강원도(계방산, 가리왕산, 설악산, 오대산), 북부 지방
- 생육지/높은 산 계곡 주변
- 출현 빈도/드묾
- 생활형/갈잎큰키나무
- 개화기/5월 초순~5월 하순
- 결실기/7~8월
- 참고/꽃과 함께 줄기도 아름답다.

## 개벚지나무 [장미과]

*Prunus maackii* Rupr.

줄기 높이 10~20m. 줄기 껍질은 황갈색으로 윤이 나며 얇은 조각으로 벗겨진다. 잎은 길이 6~12cm, 너비 3~6cm로 어긋나며, 타원형 또는 긴 난형이다. 잎자루는 길이 1~2cm이다. 잎 앞면에는 털이 없고 뒷면에는 샘점이 많다. 꽃은 흰색으로 길이 5~10cm의 총상 꽃차례로 달린다. 열매는 둥근 핵과로 검게 익는다.

1 2 3 4 5 6 7 8 9 10 11 12

1997.5.11. 강원도 점봉산

열매

## 귀룽나무 [장미과]

*Prunus padus* L.

줄기 높이 10~20m. 잎은 길이 6~12cm, 너비 3~6cm로 어긋나며, 도란형 또는 타원형, 가장자리에 날카로운 톱니가 있다. 잎자루는 길이 1~2cm이며, 위쪽에 샘점이 있다. 꽃은 흰색으로 새 가지 끝에 총상 꽃차례로 모여 달린다. 꽃차례 아래쪽에는 잎이 달린다. 꽃자루와 꽃대에 털이 난다. 열매는 둥근 핵과로 검게 익는다.

1 2 3 4 5 6 7 8 9 10 11 12

- 분포/전국
- 생육지/계곡 주변
- 출현 빈도/흔함
- 생활형/갈잎큰키나무
- 개화기/4월 하순~6월 초순
- 결실기/7~8월
- 참고/꽃이 아름답고, 어디에서나 잘 자라므로 원예 자원으로 가치가 높다. 꽃과 잎은 변이가 많다.

1990.4.16. 제주도

- 분포/제주도, 전라남도
- 생육지/숲 속
- 출현 빈도/매우 드묾
- 생활형/갈잎큰키나무
- 개화기/4월 초순~5월 중순
- 결실기/6~7월
- 참고/한라산과 두륜산 자생지가 천연 기념물로 지정되어 있다. 전국에 심어 키우는데, 대부분 일본 것을 증식한 것이다.

## 왕벚나무

[장미과]

*Prunus yedoensis* Matsum.

줄기 높이 10~20m. 잎은 길이 5~12cm, 너비 3~6cm로 어긋나며, 타원상 난형 또는 도란형이다. 잎 뒷면은 연한 녹색, 맥 위에 털이 있다. 꽃은 붉은빛이 도는 흰색으로, 잎보다 먼저 짧은 가지에 산방 꽃차례로 3~6개씩 달린다. 꽃받침통과 암술대에 털이 있다. 열매는 둥근 핵과로 검게 익는다.

| 1 | 2 | 3 | 4 | 5 | 6 | 7 | 8 | 9 | 10 | 11 | 12 |
|---|---|---|---|---|---|---|---|---|---|---|---|

천연 기념물로 지정된 한라산 자생지의 왕벚나무 2002.4.4. 제주도

1995.5.26. 제주도

열매

## 다정큼나무 [장미과]

*Rhaphiolepis umbellata* (Thunb.) Makino

줄기 높이 2~4m. 어린 가지와 꽃차례는 처음에는 갈색 털로 덮이지만 나중에 없어진다. 잎은 길이 4~10cm, 너비 2~4cm, 난상 타원형 또는 도란형으로 둔한 톱니가 조금 있거나 없으며, 어긋나지만 가지 끝에 모여난 것처럼 보인다. 꽃은 흰색으로 원추 꽃차례로 달리며, 지름 2cm쯤이다. 꽃잎은 길이 1.0~1.3cm이다. 열매는 둥근 이과로 지름 0.7~1.0cm이며 검게 익는다.

1 2 3 4 5 6 7 8 9 10 11 12

- 분포/제주도, 남해안
- 생육지/바닷가 근처 숲
- 출현 빈도/비교적 드묾
- 생활형/늘푸른떨기나무
- 개화기/4월 하순~6월 하순
- 결실기/9~10월
- 참고/꽃과 함께 윤기나는 늘푸른 잎이 좋은 원예 자원이다. 제주도에서는 가로변 화단에 심어 가꾼다.

1994.5.15. 경기도 광릉

- 분포/충청북도를 제외한 전국
- 생육지/바닷가 근처 산 또는 섬
- 출현 빈도/비교적 드묾
- 생활형/갈잎떨기나무
- 개화기/5월 초순~5월 하순
- 결실기/9~10월
- 참고/동아시아 특산종으로 1종이 속을 이룬다. 꽃의 모양이 어린 병아리를 닮았다.

## 병아리꽃나무 [장미과]

*Rhodotypos scandens* (Thunb.) Makino

줄기는 높이 1.5~2.0m로 모여난다. 잎은 길이 5~10cm, 너비 4~7cm로 마주나며 난형 또는 긴 난형, 겹톱니가 있다. 꽃은 흰색으로 햇가지 끝에 1개씩 달리며, 지름 3~5cm이다. 꽃받침잎은 4장, 톱니가 있다. 부꽃받침잎은 가늘고 작다. 꽃잎은 4장 또는 드물게 5장이다. 수술은 많다. 열매는 핵과로 검게 익고 윤이 난다.

1 2 3 4 5 6 7 8 9 10 11 12

열매

연한 붉은색 꽃

1994.5.22. 경기도 매봉산

## 찔레나무 [장미과]

*Rosa multiflora* Thunb.

줄기는 높이 2m쯤으로 가시가 많고 밑으로 처진다. 잎은 작은잎 5~9장으로 된 깃꼴겹잎이다. 작은잎은 길이 2~4cm, 너비 1~2cm로 타원형 또는 도란형, 잔 톱니가 있다. 턱잎에 빗살처럼 생긴 톱니가 있다. 꽃은 흰색 또는 연한 붉은색으로 원추 꽃차례로 많이 달리며, 지름 2cm쯤이다. 열매는 지름 8mm쯤의 둥근 장과로 붉게 익는다.

1 2 3 4 5 6 7 8 9 10 11 12

- 분포/전국
- 생육지/산이나 들
- 생활형/갈잎떨기나무
- 출현 빈도/흔함
- 개화기/5월 초순~6월 초순
- 결실기/9~10월
- 참고/꽃이 아름다워 생울타리용으로 심으면 좋고, 열매는 한약재로 쓴다.

1993.5.23. 전라북도 선운산

열매

- 분포/중부 지방 이남
- 생육지/산기슭
- 출현 빈도/비교적 흔함
- 생활형/갈잎떨기나무
- 개화기/5월 초순~6월 하순
- 결실기/7~8월
- 참고/열매는 맛이 매우 좋은데, 술을 담가 먹기도 한다.

## 복분자딸기 [장미과]

*Rubus coreanus* Miq.

줄기는 높이 1~3m로 밑으로 처지며, 가시가 있고 어린 가지는 흰빛이 난다. 잎은 작은잎 5~7장으로 된 깃꼴겹잎이다. 작은잎은 길이 3~7cm, 너비 2~4cm로 난형 또는 타원형, 날카로운 톱니가 있다. 꽃은 연분홍색으로 산방 꽃차례로 달린다. 꽃잎은 도란형, 꽃받침잎보다 짧다. 열매는 작은 핵과가 모인 복과로 검게 익는다.

1 2 3 4 5 6 7 8 9 10 11 12

2003.3.26. 전라남도 거문도

## 장딸기 [장미과]

*Rubus hirsutus* Thunb.

줄기는 높이 20~60cm로 비스듬히 선다. 잎은 작은잎 3~5장으로 된 깃꼴겹잎으로 잎자루 밑부분에 바늘 모양의 턱잎이 있다. 작은잎은 길이 3~6cm, 너비 1.5~3.0cm로 난상 피침형, 겹톱니가 있다. 잎 양 면에 털이 많다. 꽃은 흰색으로 가지 끝에 1~2개씩 달리며, 지름 3~4cm이다. 열매는 복과로 붉게 익는다.

1 2 3 4 5 6 7 8 9 10 11 12

- 분포/전라남도, 제주도
- 생육지/숲 속이나 숲 가장자리
- 출현 빈도/비교적 흔함
- 생활형/갈잎 또는 반늘푸른떨기나무
- 개화기/4월 하순~6월 하순
- 결실기/7~8월
- 참고/열매는 식용, 뿌리와 잎은 한약재로 쓴다.

열매

1991.5.1. 전라남도 거문도

- 분포/전국
- 생육지/산이나 풀밭
- 출현 빈도/흔함
- 생활형/갈잎덩굴나무
- 개화기/5월 초순~5월 하순
- 결실기/7~8월
- 참고/줄기가 덩굴지어 자라므로 '덩굴딸기'라고도 한다. 열매를 먹을 수 있다.

## 줄딸기 [장미과]

*Rubus oldhamii* Miq.

줄기는 길이 2~3m로 옆으로 뻗으며, 가시가 있다. 잎은 어긋나고, 작은잎 5~7장으로 된 깃꼴겹잎이다. 끝의 작은잎은 길이 2~4cm, 너비 1~3cm로 마름모꼴 난형, 겹톱니가 있다. 꽃은 연분홍색 또는 드물게 흰색으로 햇가지 끝에 1~2개씩 달린다. 꽃자루에 가시가 있다. 꽃잎은 타원형, 길이 1cm쯤이다. 열매는 복과로 붉게 익는다.

1 2 3 4 5 6 7 8 9 10 11 12

열매

1996.5.12. 경상북도 울릉도

## 섬나무딸기 [장미과]

*Rubus takesimensis* Nakai

줄기는 높이 3~5m로 모여나며, 가시와 털이 없다. 잎은 어긋나며 3~7갈래로 갈라진 홑잎이고, 길이와 너비가 15cm에 이른다. 잎 가장자리에 겹톱니가 있고, 양 면의 맥 위에 털이 난다. 꽃은 흰색으로 산방 꽃차례로 달리며, 지름 2~3cm이다. 꽃받침 안쪽에 부드러운 털이 난다. 꽃잎은 도란형이다. 열매는 복과로 붉게 익는다.

1 2 3 4 5 6 7 8 9 10 11 12

- 분포/울릉도
- 생육지/바닷가 산기슭
- 출현 빈도/비교적 흔함
- 생활형/갈잎떨기나무
- 개화기/4월 하순~5월 하순
- 결실기/6~8월
- 참고/한국 특산 식물이다. '산딸기'와 비슷하지만 전체적으로 크기가 크고, 가시가 없다.

1987.8.2. 서울 북한산

열매

꽃

- 분포/전국
- 생육지/숲 속
- 출현 빈도/흔함
- 생활형/갈잎큰키나무
- 개화기/4월 하순~6월 중순
- 결실기/9~10월
- 참고/꽃은 벌과 나비를, 열매는 새를 불러모으므로 생태 공원에 심으면 좋다.

## 팥배나무

[장미과]

*Sorbus alnifolia* (Siebold et Zucc.) K. Koch

줄기 높이 10~20m. 잎은 길이 5~12cm, 너비 4~7cm로 어긋나며, 난형, 가장자리에 불규칙한 톱니가 있다. 잎자루는 길이 1~2cm이다. 꽃은 흰색으로 가지 끝에 산방 꽃차례로 달린다. 수술은 20개쯤이고, 암술대는 2개이다. 열매는 이과로 타원형이며, 누런빛이 도는 붉은색으로 익는다.

| 1 | 2 | 3 | 4 | 5 | 6 | 7 | 8 | 9 | 10 | 11 | 12 |
|---|---|---|---|---|---|---|---|---|---|---|---|

1990.4.28. 강원도 동강

## 당조팝나무 [장미과]

*Spiraea chinensis* Maxim.

줄기 높이 1.5~3.0m. 어린 가지는 노란빛이 도는 갈색이다. 잎은 길이 3~5cm, 너비 2~3cm로 어긋나며, 마름모꼴 난형 또는 넓은 난형, 중앙 이상에 톱니가 있다. 잎 양면에 주름이 지며, 뒷면에 털이 많다. 꽃은 흰색으로 15~25개가 산형 꽃차례로 달린다. 꽃잎은 5장, 난형이다. 열매는 골돌로 털이 있다.

1 2 3 4 5 6 7 8 9 10 11 12

- 분포/강원도, 경상북도, 충청북도, 북부 지방
- 생육지/숲 속
- 출현 빈도/비교적 흔함
- 생활형/갈잎떨기나무
- 개화기/4월 초순~5월 하순
- 결실기/9~10월
- 참고/잎이 두껍고 주름이 많이 지므로 조팝나무속의 다른 종들과 구분할 수 있다.

1990.4.5. 충청북도 월악산

- 분포/제주도와 북부 고산 지대를 제외한 전국
- 생육지/숲 속
- 출현 빈도/흔함
- 생활형/갈잎떨기나무
- 개화기/4월 초순~5월 하순
- 결실기/9~10월
- 참고/꽃이 핀 모양이 튀긴 좁쌀을 붙인 것처럼 보이므로 '조팝나무'라는 우리말 이름이 붙여졌다.

## 조팝나무 [장미과]

*Spiraea prunifolia* Siebold et Zucc. for. *simpliciflora* Nakai

줄기는 높이 1.5~2.0m로 모여난다. 잎은 길이 2.0~4.5cm, 너비 0.8~2.2cm로 어긋나며, 타원형 또는 난형, 끝은 뾰족하다. 꽃은 흰색으로 짧은 가지에 4~5개가 산형 꽃차례로 달리며, 지름 0.8~1.0cm이다. 꽃잎은 5장, 길이 4~5mm, 수술보다 길다. 수술은 20개, 씨방은 4~5실이다. 열매는 골돌로 털이 없다.

| 1 | 2 | 3 | 4 | 5 | 6 | 7 | 8 | 9 | 10 | 11 | 12 |
|---|---|---|---|---|---|---|---|---|---|---|---|

1980.5.20. 서울 북한산

## 국수나무 [장미과]

*Stephanandra incisa* (Thunb.) Zabel

줄기는 높이 1~2m로 가지 끝이 옆으로 처진다. 잎은 길이 2~5cm, 너비 1.5~2.5cm로 어긋나며, 삼각상 넓은 난형, 가장자리에 톱니가 있다. 잎자루는 0.3~1.0cm이다. 꽃은 노란빛이 도는 흰색으로 햇가지 끝에 원추꽃차례로 달린다. 꽃잎은 5장이다. 수술은 10개, 꽃잎보다 짧다. 열매는 골돌로 원형 또는 도란형이다.

1 2 3 4 5 6 7 8 9 10 11 12

- 분포/전국
- 생육지/숲 속
- 출현 빈도/흔함
- 생활형/갈잎떨기나무
- 개화기/5월 초순~6월 하순
- 결실기/8~9월
- 참고/줄기의 골속이 국수처럼 생겼다고 하여 우리말 이름이 붙여졌다.

1992.5.10. 강원도 태백산

- 분포/강원도, 경기도, 경상북도, 북부 지방
- 생육지/높은 산 숲 속
- 출현 빈도/비교적 드묾
- 생활형/여러해살이풀
- 개화기/4월 초순~5월 하순
- 결실기/7~8월
- 참고/중국 둥베이(東北) 지방과 시베리아에도 자라는 북방계 식물이다.

## 나도양지꽃 [장미과]

*Waldsteinia ternata* (Stephan) Fritsch

뿌리줄기는 옆으로 뻗는다. 잎은 2~3장이 모여나고 3출 겹잎이다. 작은잎은 도란형이고 2~3갈래로 갈라진다. 꽃은 높이 10~15cm의 꽃줄기에 1~3개씩 피며 지름 1~2cm이다. 꽃받침잎은 5장, 피침형으로 길이 4mm쯤이다. 부꽃받침잎은 5장이다. 꽃잎은 5장, 노란색이다. 수술은 많고 암술대는 5개이다. 열매는 수과로 타원형, 털이 많다.

1 2 3 4 5 6 7 8 9 10 11 12

1995.5.10. 제주도

열매

## 실거리나무 [콩과]

*Caesalpinia decapetala* (Roth) Alston var. *japonica* (Siebold et Zucc.) Ohashi

줄기는 길이 1~2m로 조금 덩굴진다. 잎은 어긋나며, 깃꼴잎 6~16장에 각각 작은잎 10~20장이 붙은 2회 깃꼴겹잎이다. 작은잎은 길이 1~2cm로 긴 타원형, 가장자리가 밋밋하다. 꽃은 노란색으로 길이 20~30cm의 총상 꽃차례로 달리며, 지름 2.5~3.0cm이다. 꽃받침은 5갈래로 갈라진다. 꽃잎은 5장, 도란형이다. 수술은 10개이다. 열매는 협과로 납작하다.

1 2 3 4 5 6 7 8 9 10 11 12

- 분포/제주도, 전라남도 섬
- 생육지/양지바른 숲 가장자리
- 출현 빈도/비교적 드묾
- 생활형/갈잎떨기나무
- 개화기/5월 초순~6월 하순
- 결실기/8~9월
- 참고/전체에 매우 날카로운 가시가 많지만, 꽃이 아름다우므로 생울타리로 이용하면 좋다.

1990.3.7. 제주도

- 분포/제주도
- 생육지/계곡 주변
- 출현 빈도/매우 드묾
- 생활형/늘푸른작은떨기나무
- 개화기/6월 초순~7월 하순
- 결실기/9~11월
- 참고/자생지가 몇 곳밖에 없으며, 개체 수도 적어 멸종 위기에 처한 식물이다.

## 만년콩 [콩과]

*Euchresta japonica* Hook. fil. ex Regel

줄기는 높이 30~80cm로 비스듬히 눕는다. 잎은 어긋나고 3출 겹잎이다. 작은잎은 길이 5~8cm, 너비 3~5cm로 타원형 또는 도란형, 가장자리가 밋밋하다. 잎 뒷면은 흰빛이 돌고 갈색 털이 난다. 꽃은 흰색으로 총상 꽃차례로 달리며, 길이 1.0~1.3cm이다. 열매는 협과로 길이 1.8~2.0cm의 타원형이며, 검은 남자색으로 익는다.

1 2 3 4 5 6 7 8 9 10 11 12

1995.5.30. 강원도 가리왕산

## 애기괭이밥 [괭이밥과]

*Oxalis acetosella* L.

뿌리줄기는 옆으로 뻗는다. 잎은 뿌리에서 3~5장이 나며, 작은잎 3장으로 이루어진 겹잎이다. 작은잎은 길이 0.4~2.0cm, 너비 7~30cm로 잎자루가 없으며 심장형이다. 꽃은 흰색으로 뿌리에서 나는 꽃줄기 끝에 1개씩 핀다. 꽃받침잎은 5장, 좁은 난형이다. 꽃잎은 5장, 흰 바탕에 연한 자줏빛이 돈다. 수술은 10개, 암술은 1개이다. 열매는 삭과로 길이 4~6mm이다.

1 2 3 4 5 6 7 8 9 10 11 12

- 분포/전국
- 생육지/고지대 숲 속
- 출현 빈도/비교적 드묾
- 생활형/여러해살이풀
- 개화기/5월 초순~6월 하순
- 결실기/7~8월
- 참고/'큰괭이밥'에 비해 전체적으로 크기가 작고, 고산 지역에서 자란다.

1993.4.28. 경기도 천마산

잎

- 분포/전국
- 생육지/숲 속
- 출현 빈도/비교적 흔함
- 생활형/여러해살이풀
- 개화기/4월 초순~5월 초순
- 결실기/7~8월
- 참고/신맛이 나는 잎을 날것으로 먹을 수 있다.

## 큰괭이밥 [괭이밥과]

*Oxalis obtriangulata* Maxim.

뿌리줄기는 가늘다. 잎은 뿌리에서 나며, 작은잎 3장으로 이루어진 겹잎이다. 작은잎은 길이 3cm쯤으로 삼각형, 끝은 가운데가 조금 오목하다. 꽃줄기는 길이 10~20cm로 잎이 나기 전에 뿌리에서 난다. 꽃은 붉은빛이 도는 흰색으로 꽃줄기 끝에 1개씩 핀다. 꽃잎은 5장, 자주색 줄이 있다. 수술은 10개, 암술은 1개이다. 열매는 삭과이다.

1 2 3 4 5 6 7 8 9 10 11 12

1998.11.10. 제주도 한라산

열매

## 굴거리나무 [대극과]

*Daphniphyllum macropodum* Miq.

줄기는 높이 5~10m로 가지가 굵다. 잎은 길이 15~20cm, 너비 4~7cm로 어긋나지만 가지 끝에 몰려 나며 긴 타원형이다. 잎 앞면은 짙은 녹색, 뒷면은 분백색, 맥은 12~17쌍이다. 잎자루는 길이 3~4cm이다. 꽃은 녹색으로 암수 딴그루, 잎겨드랑이에 총상 꽃차례로 달린다. 열매는 타원형의 핵과로 어두운 남색으로 익는다.

1 2 3 4 5 6 7 8 9 10 11 12

- 분포/울릉도, 전라남도, 전라북도, 제주도, 충청남도
- 생육지/숲 속
- 출현 빈도/비교적 흔함
- 생활형/늘푸른작은키나무
- 개화기/4월 초순~5월 하순
- 결실기/10~12월
- 참고/늘푸른 잎과 열매가 아름다워 관상수로서 좋다. 잎과 나무 껍질은 한약재로 쓴다.

1996.4.8. 강원도 설악산

붉은빛을 띤 어린잎

- 분포/설악산, 전라남도 백암산
- 생육지/숲 속
- 출현 빈도/드묾
- 생활형/여러해살이풀
- 개화기/3월 중순~4월 하순
- 결실기/6~7월
- 참고/이른 봄에 붉은색을 띠며 올라오는 새싹이 보기 좋다. 자생지가 많이 알려지지 않은 식물이다.

# 민대극

[대극과]

*Euphorbia ebracteolata* Hayata

줄기는 높이 40~50cm이며, 꺾으면 흰 즙이 나온다. 뿌리줄기는 굵다. 잎은 일찍 나오며, 어릴 때에는 붉은빛을 띤다. 줄기잎은 길이 9~10cm, 너비 1.5cm쯤으로 어긋나며 긴 타원형이다. 꽃은 줄기 끝 잎겨드랑이에 배상 꽃차례로 달린다. 수술은 5개이고 암술은 1개이다. 열매는 삭과로 겉에 사마귀 같은 돌기가 없다.

1 2 3 4 5 6 7 8 9 10 11 12

1993.4.20. 제주도

## 등대풀

[대극과]

*Euphorbia helioscopia* L.

줄기는 높이 25~35cm로 곧추서며 밑에서 가지가 갈라진다. 줄기를 자르면 흰 유액이 나온다. 잎은 도란형 또는 주걱 모양으로 잔 톱니가 있고, 어긋나며, 가지가 갈라지는 줄기 위쪽에는 5개의 큰 잎이 돌려난다. 꽃은 노란빛이 도는 녹색으로 배상 꽃차례로 핀다. 암술대는 3개, 끝이 2갈래로 갈라진다. 열매는 삭과로 3갈래로 갈라진다.

1 2 3 4 5 6 7 8 9 10 11 12

- 분포/경기도 이남
- 생육지/풀밭
- 출현 빈도/비교적 흔함
- 생활형/두해살이풀
- 개화기/4월 하순~5월 하순
- 결실기/5~7월
- 참고/밭이나 길가에 잡초처럼 자란다. 독이 있고, 한약재로 쓴다.

1995.4.10. 제주도

- 분포/제주도, 남부 지방
- 생육지/바닷가 바위 지대
- 출현 빈도/비교적 드묾
- 생활형/여러해살이풀
- 개화기/4월 초순~5월 하순
- 결실기/6~8월
- 참고/독이 있다. 꽃이 필 때 포엽이 노란색을 띠고, 단풍이 붉게 들므로 원예 자원으로서 가치가 높다.

## 암대극

[대극과]

*Euphorbia jolkini* H. Boissieu

줄기는 높이 40~80cm로 곧추서고 밑에서 가지가 갈라진다. 잎은 길이 4~7cm, 너비 0.8~1.2cm로 끝이 둔하고 아래쪽이 차츰 좁아지는데, 가장자리는 밋밋하며, 어긋나고 다닥다닥 붙는다. 줄기 위쪽에 돌려난 잎은 다른 잎보다 넓고 짧다. 꽃은 노란빛이 도는 녹색으로 배상 꽃차례로 핀다. 열매는 둥근 삭과로 지름 6mm쯤이며, 겉에 돌기가 많다.

| 1 | 2 | 3 | 4 | 5 | 6 | 7 | 8 | 9 | 10 | 11 | 12 |
|---|---|---|---|---|---|---|---|---|---|---|---|

1996.4.16. 전라남도 백운산

자줏빛이 도는 꽃줄기

## 개감수 [대극과]

*Euphorbia sieboldiana* C. Morren et Decne.

줄기는 높이 20~40cm로 곧추선다. 잎은 길이 3~6cm, 너비 0.7~2.0cm로 어긋나며, 긴 타원형, 가장자리는 밋밋하다. 꽃줄기가 갈라지는 줄기 위쪽에 5장의 잎이 돌려난다. 꽃줄기는 5개쯤이 우산 모양으로 나온다. 꽃은 노란빛이 도는 녹색으로 배상 꽃차례로 핀다. 배상 꽃차례에 수꽃과 암꽃이 각각 1개씩 있다. 열매는 둥근 삭과이며 3갈래로 갈라진다.

1 2 3 4 5 6 7 8 9 10 11 12

- 분포/전국
- 생육지/숲 속
- 출현 빈도/비교적 흔함
- 생활형/여러해살이풀
- 개화기/4월 초순~7월 초순
- 결실기/7~8월
- 참고/배상 꽃차례에 있는 꿀샘덩이가 초승달 모양이므로 구분하기 쉽다.

1986.5.27. 충청북도 월악산

- 분포/제주도를 제외한 전국
- 생육지/산과 들
- 출현 빈도/비교적 흔함
- 생활형/여러해살이풀
- 개화기/5월 초순~6월 초순
- 결실기/8~9월
- 참고/뿌리 껍질을 한약재로 쓴다.

## 백선 [운향과]

*Dictamnus dasycarpus* Turcz.

줄기는 높이 60~90cm, 밑부분이 딱딱하다. 잎은 어긋나며 깃꼴겹잎이다. 작은잎은 2~4쌍으로 난형 또는 타원형, 톱니가 있다. 꽃은 연한 붉은색으로 총상 꽃차례로 달리며, 지름 2.5cm쯤이다. 꽃차례와 꽃자루에 기름 구멍이 많아 역한 냄새가 난다. 꽃잎은 5장, 붉은 보라색 줄이 있다. 수술은 10개, 암술은 1개이다. 열매는 삭과로 납작하다.

1 2 3 4 5 6 7 8 9 10 11 12

1989.4.1. 제주도

## 상산 [운향과]

*Orixa japonica* Thunb.

줄기 높이 2m쯤. 잎은 길이 5~13cm, 너비 3~7cm로 타원형, 어긋나지만 짧은 가지 끝에 모여난 것처럼 보이며, 독특한 냄새가 난다. 잎 앞면은 노란빛이 도는 녹색이다. 꽃은 노란빛이 도는 녹색으로 암수 딴그루, 지난해 가지의 잎겨드랑이에 달리며, 지름 5mm쯤이다. 수꽃은 총상 꽃차례로 10여 개가 달리고, 암꽃은 1개씩 달린다. 열매는 삭과이다.

1 2 3 4 5 6 7 8 9 10 11 12

- 분포/경기도 섬, 남부 지방
- 생육지/숲 속
- 출현 빈도/비교적 흔함
- 생활형/갈잎떨기나무
- 개화기/4월 초순~5월 하순
- 결실기/9~10월
- 참고/뿌리를 한약재로 쓴다.

1995.5.8. 제주도 한라산

- 분포/전국
- 생육지/산과 들의 양지 바른 곳
- 출현 빈도/비교적 흔함
- 생활형/여러해살이풀
- 개화기/4월 하순~5월 하순
- 결실기/8~9월
- 참고/전체를 한약재로 쓴다.

## 애기풀

[원지과]

*Polygala japonica* Houtt.

줄기는 높이 10~20cm로 밑에서 모여나고, 곧게 서거나 비스듬히 선다. 잎은 길이 2cm쯤으로 어긋나며, 타원형 또는 난형, 가장자리가 밋밋하다. 꽃은 자주색으로 총상 꽃차례로 달린다. 꽃받침잎은 5장, 꽃잎처럼 보이며, 양쪽 2장은 크다. 꽃잎은 3장, 밑에서 서로 붙는다. 수술은 8개, 암술대는 2갈래로 갈라진다. 열매는 삭과로 동글납작하다.

| 1 | 2 | 3 | 4 | 5 | 6 | 7 | 8 | 9 | 10 | 11 | 12 |
|---|---|---|---|---|---|---|---|---|---|---|---|

꽃

1995.6.30. 강원도 대덕산

## 산겨릅나무 [단풍나무과]

*Acer tegmentosum* Maxim.

줄기는 높이 5~15m로 녹색이고 흰색 줄이 있으며, 껍질은 질기다. 잎은 길이와 너비가 각각 8~15cm로 마주나며, 넓은 난형, 3~5갈래로 얕게 갈라진다. 잎 양 면에 털이 없다. 잎자루는 길이 3~8cm이다. 꽃은 노란색으로 가지 끝에 나서 밑으로 처지는 길이 8cm쯤의 총상 꽃차례로 핀다. 열매는 시과로 길이 3cm쯤이다.

- 분포/강원도, 경상북도, 지리산, 북부 지방
- 생육지/숲 속
- 출현 빈도/비교적 드묾
- 생활형/갈잎작은키나무
- 개화기/4월 하순~5월 하순
- 결실기/9~10월
- 참고/중국 둥베이(東北) 지방, 우수리 등지에도 분포하는 북방계 식물이다.

1 2 3 4 5 6 7 8 9 10 11 12

2003.5.19. 서울 양재동(식재)

꽃

- 분포/제주도를 제외한 전국
- 생육지/높은 산 숲 속
- 출현 빈도/비교적 드묾
- 생활형/갈잎작은키나무
- 개화기/5월 하순~7월 중순
- 결실기/9~10월
- 참고/중국 둥베이(東北) 지방에도 자란다. 정원수로 개발할 가치가 크다.

## 시닥나무

[단풍나무과]

*Acer tschonoskii* Maxim. var. *rubripes* Kom.

줄기는 높이 5~8m로 밑에서 많이 갈라지고, 어린 가지는 붉은빛을 띤다. 잎은 길이와 너비가 각각 5~10cm로 마주나며, 긴 난형, 3~5갈래로 갈라진다. 잎자루는 길이 2~5cm, 붉은빛이 돈다. 꽃은 노란색으로 가지 끝에 난 길이 6~8cm의 총상 꽃차례로 5~10개가 달린다. 꽃받침잎과 꽃잎은 각각 5장이다. 열매는 시과로 익으면 직각으로 벌어진다.

1 2 3 4 5 6 7 8 9 10 11 12

2000.6.18. 강원도 태백산

## 부게꽃나무 [단풍나무과]

*Acer ukurunduense* Trautv. et C.A. Mey.

줄기는 높이 5~15m로 어린 가지는 노란색 또는 붉은색이다. 잎은 길이와 너비가 각각 6~15cm로 마주나며, 손바닥 모양, 5~7갈래로 갈라지고, 밑이 심장형이다. 잎 뒷면 맥에 털이 많다. 잎자루는 길이 3~12cm, 붉은빛이 돈다. 꽃은 가지 끝에 길이 10cm쯤 되는 총상 꽃차례로 20여 개가 달린다. 꽃잎은 노란색, 수술보다 짧다. 열매는 시과이다.

1 2 3 4 5 6 7 8 9 10 11 12

- 분포/강원도, 경기도, 소백산, 지리산, 북부 지방
- 생육지/높은 산 숲 속
- 출현 빈도/비교적 드묾
- 생활형/갈잎작은키나무
- 개화기/5월 하순~7월 중순
- 결실기/9~10월
- 참고/지리산 천왕봉까지 내려와 자라는 북방계 식물이다.

1999.6.10. 제주도 한라산 사진/신용만

- 분포/남부 지방, 황해도 이남 서해안
- 생육지/숲 속
- 출현 빈도/비교적 흔함
- 생활형/갈잎작은키나무
- 개화기/5월 중순~6월 하순
- 결실기/9~10월
- 참고/일본에도 자라며, 남쪽 바닷가 근처에 주로 자라지만, 서해안을 따라 황해도까지 올라오는 남방계 식물이다.

## 나도밤나무 [나도밤나무과]

*Meliosma myriantha* Siebold et Zucc.

줄기는 높이 10m쯤으로 갈색이다. 잎은 길이 10~25cm, 너비 4~8cm로 어긋나며, 얇고, 타원형이다. 잎 양 면에 털이 있다. 잎 가장자리에 예리한 톱니가 있다. 꽃은 흰색으로 새 가지 끝에 원추 꽃차례로 달린다. 꽃잎 3장은 원형, 나머지 2~3장은 선형이다. 수술 3개는 비늘 같고 2~3개는 완전하다. 암술은 1개이다. 열매는 핵과로 둥글며, 지름 7mm쯤으로 붉게 익는다.

| 1 | 2 | 3 | 4 | 5 | 6 | 7 | 8 | 9 | 10 | 11 | 12 |
|---|---|---|---|---|---|---|---|---|---|---|---|

잎

열매

1998.3.4. 전라남도 순천만

## 호랑가시나무 [감탕나무과]

*Ilex cornuta* Lindl. et Paxton

줄기는 높이 2~3m로 가지가 많이 갈라지며, 껍질은 회색빛이 도는 흰색이다. 잎은 길이 4~8cm, 너비 2~3cm로 어긋나며, 타원상 육각형, 모서리가 가시로 된다. 잎자루는 길이 5~8mm이다. 꽃은 흰색으로 암수 딴그루, 산형 꽃차례로 5~6개씩 달린다. 열매는 둥근 핵과로 지름 8~10mm, 붉게 익는다. 성탄절 때 장식용으로 쓰인다.

1 2 3 4 5 6 7 8 9 10 11 12

- 분포/전라남도, 전라북도, 제주도
- 생육지/숲 속 양지바른 곳
- 출현 빈도/비교적 드묾
- 생활형/늘푸른떨기나무
- 개화기/4월 초순~5월 하순
- 결실기/10~3월
- 참고/변산 반도의 군락지가 최북단 자생지로서 천연 기념물로 지정되어 있다.

1997.5.20. 경기도 분당

열매

- 분포/전국
- 생육지/산과 들
- 출현 빈도/흔함
- 생활형/갈잎덩굴나무
- 개화기/5월 초순~6월 하순
- 결실기/10~11월
- 참고/가을철 잎이 지고 난 다음에 익어서 벌어지는 열매의 모습이 아름답다.

## 노박덩굴 [노박덩굴과]

*Celastrus orbiculatus* Thunb.

줄기는 길이 10m쯤이고, 가지는 회색빛이 도는 갈색이다. 잎은 길이 6~10cm, 너비 5~7cm로 어긋나며, 타원형 또는 난형, 둔한 톱니가 있다. 잎자루는 길이 1.0~2.5cm이다. 꽃은 연두색으로 암수 딴그루, 취산 꽃차례로 1~10개씩 달린다. 꽃받침잎과 꽃잎은 각각 5장. 열매는 삭과로 둥글며, 지름 6~9mm, 노랗게 익은 다음 갈라지면 붉은 씨가 나온다.

1 2 3 4 5 6 7 8 9 10 11 12

1995.5.28. 제주도

## 줄사철나무 [노박덩굴과]

*Euonymus fortunei* (Turcz.) Hand.-Mazz.

줄기는 길이 3~10m로 공기뿌리가 나며, 어린 가지는 녹색이다. 잎은 길이 2~5cm, 너비 1~2cm로 마주나고, 타원형 또는 난형, 얇고 둔한 톱니가 있다. 잎자루는 길이 0.5~1.0cm이다. 꽃은 노란빛이 도는 녹색으로 취산 꽃차례로 달리며, 지름 6~7mm이다. 꽃받침잎, 꽃잎, 수술은 각각 4개이다. 열매는 네모난 둥근 모양의 삭과로 붉게 익는다.

1 2 3 4 5 6 7 8 9 10 11 12

- 분포/경상남도, 안면도, 울릉도, 전라남도, 전라북도, 제주도
- 생육지/산기슭 또는 숲 속
- 출현 빈도/비교적 드묾
- 생활형/늘푸른덩굴나무
- 개화기/5월 초순~6월 하순
- 결실기/10~11월
- 참고/공기뿌리로 다른 나무나 바위를 단단히 감으며 올라가는 성질이 있다.

1990.9.16. 제주도 한라산

꽃

- 분포/전국
- 생육지/숲 속
- 출현 빈도/흔함
- 생활형/갈잎떨기나무
- 개화기/5월 초순~6월 하순
- 결실기/9~10월
- 참고/잎이 고춧잎을 닮아서 우리말 이름이 붙여졌다. 잎을 고춧잎처럼 나물로 먹기도 한다.

## 고추나무 [고추나무과]

*Staphylea bumalda* (Thunb.) DC.

줄기 높이 3~5m. 잎은 마주나며, 작은잎 3장으로 된 겹잎이다. 작은잎은 길이 4~8cm, 너비 2~5cm로 타원형 또는 난상 타원형, 뾰족한 잔 톱니가 있다. 꽃은 흰색으로 길이 5~8cm의 원추 꽃차례로 달린다. 꽃잎은 도란상 긴 타원형이다. 암술은 1개, 끝이 2갈래로 갈라진다. 열매는 삭과로 부푼 반원형, 위쪽이 2조각으로 갈라진다.

1 2 3 4 5 6 7 8 9 10 11 12

1997.8.15. 경기도 관악산

## 회양목 [회양목과]

*Buxus microphylla* Siebold et Zucc. var. *insularis* Nakai

줄기 높이 1~7m. 잎은 길이 1.5~2.0cm, 너비 0.7~1.0cm로 마주나며 가죽질, 타원형, 끝이 오목하고 가장자리가 밋밋하다. 꽃은 암수 한그루, 가지 끝에 몇 개가 모여 달리는데, 가운데에 암꽃이 1개 있고 둘레에 수꽃이 몇 개 붙는다. 꽃받침잎은 4장, 꽃잎은 없다. 수꽃에는 수술이 1~4개 있다. 열매는 삭과로 난형, 길이 1.0cm쯤이다.

1 2 3 4 5 6 7 8 9 10 11 12

- 분포/전국
- 생육지/석회암 지대
- 출현 빈도/비교적 드묾
- 생활형/늘푸른떨기나무
- 개화기/4월 초순~5월 하순
- 결실기/6~8월
- 참고/정원수로 인기가 높으며, 목재는 도장을 새기는 데 쓰인다. 잎, 줄기, 뿌리는 한약재로 이용한다.

1984.6.1. 전라남도 해남

# 팥꽃나무

[팥꽃나무과]

*Daphne genkwa* Siebold et Zucc.

- 분포/남부 지방(진도, 해남), 서해안
- 생육지/바닷가 산기슭
- 출현 빈도/매우 드묾
- 생활형/갈잎떨기나무
- 개화기/3월 하순~5월 하순
- 결실기/7~8월
- 참고/꽃이 아름다운 원예 자원이다.

줄기 높이 0.5~1.0m. 잎은 길이 2~6cm, 너비 1~2cm로 마주나지만 어긋나기도 하며, 피침형, 가장자리가 밋밋하다. 꽃은 연한 붉은색으로 잎보다 먼저 피고, 지난 해 가지 끝부분에 3~7개씩 우산 모양으로 달린다. 꽃받침은 꽃잎처럼 보이며, 통 모양, 길이 0.8~1.0cm, 끝이 4갈래로 갈라진다. 열매는 둥근 장과로 반투명한 흰색으로 익는다.

1 2 3 4 5 6 7 8 9 10 11 12

1998.3.8. 전라남도 순천(식재)

## 백서향 [팥꽃나무과]

*Daphne kiusiana* Miq.

줄기 높이 1m쯤. 잎은 길이 2.5~8.0cm, 너비 1.2~3.5cm로 어긋나며, 피침형, 가장자리가 밋밋하다. 잎자루는 짧다. 꽃은 흰색으로 암수 딴그루, 지난 해 가지 끝에 모여 달린다. 꽃자루에 흰색 잔털이 난다. 꽃받침은 꽃잎처럼 보이며, 통 모양, 길이 7~8mm, 끝이 4갈래로 갈라진다. 열매는 장과로 난상 원형이며 붉게 익는다.

1 2 3 4 5 6 7 8 9 10 11 12

- 분포/경상남도(거제도), 전라남도(도초도, 흑산도), 제주도
- 생육지/산기슭
- 출현 빈도/드묾
- 생활형/늘푸른떨기나무
- 개화기/2월 하순~4월 하순
- 결실기/5~6월
- 참고/꽃에서는 향기가 나고 늘푸른잎도 보기가 좋으므로 가치 있는 원예자원이다.

1987.5.16. 경기도 관악산

자주색 꽃

- 분포/전국
- 생육지/산과 들
- 출현 빈도/흔함
- 생활형/여러해살이풀
- 개화기/4월 초순~5월 하순
- 결실기/6~7월
- 참고/우리 나라에 자라는, 줄기가 있는 제비꽃 무리 중에서 가장 흔한 종이다.

## 졸방제비꽃 [제비꽃과]

*Viola acuminata* Ledeb.

줄기는 높이 20~40cm로 곧추서며, 여러 대가 밑에서 올라온다. 잎은 길이 2.5~4.0cm, 너비 3~5cm로 어긋나며, 난상 심장형, 뭉툭한 톱니가 있다. 턱잎은 긴 타원형, 깃꼴로 갈라진다. 꽃은 옅은 자줏빛이 도는 흰색으로 길이 5~10cm의 꽃자루에 달린다. 입술꽃잎에 자주색 줄이 있다. 거(距)는 둥근 주머니 모양이다. 수술은 5개, 암술은 1개이다. 열매는 삭과로 세모진다.

1 2 3 4 5 6 7 8 9 10 11 12

1997.4.27. 경기도 축령산

## 태백제비꽃 [제비꽃과]

*Viola albida* Palib.

줄기는 없다. 잎은 긴 심장형 또는 난형, 꽃이 핀 다음 더 자라서 길이 4~12cm, 너비 2.5~10.5cm가 되고, 뿌리에서 여러 장이 나며 변이가 심하다. 잎자루에 좁은 날개가 있다. 꽃은 흰색으로 큰 편이고 향기가 있다. 꽃줄기 가운데 부분에 선상의 포 2개가 마주난다. 꽃잎은 5장, 곁꽃잎 안쪽에 털이 있다. 거(距)는 기둥 모양이다. 열매는 삭과이다.

1 2 3 4 5 6 7 8 9 10 11 12

- 분포/전국
- 생육지/숲 속
- 출현 빈도/비교적 흔함
- 생활형/여러해살이풀
- 개화기/4월 초순~5월 초순
- 결실기/6~7월
- 참고/중국 둥베이(東北) 지방과 일본에서도 자란다.

1996.5.6. 강원도 설악산

- 분포/제주도를 제외한 전국
- 생육지/높은 산 숲 속
- 출현 빈도/비교적 드묾
- 생활형/여러해살이풀
- 개화기/4월 하순~5월 하순
- 결실기/6~7월
- 참고/한국 특산 식물이다.

## 금강제비꽃

[제비꽃과]

*Viola diamantica* Nakai

뿌리줄기는 옆으로 뻗는다. 줄기는 없다. 잎은 길이 7~10cm, 너비 6~11cm로 뿌리에서 여러 장이 나며 둥근 심장형이다. 잎이 나올 때 양쪽 가장자리가 세로로 말려 잎과 자루가 수직을 이루고, 꽃이 진 다음 매우 크게 자란다. 꽃은 흰색이고, 폐쇄화는 땅 속에 있다. 수술은 5개, 암술은 1개이다. 열매는 삭과로 겉에 자주색 무늬가 있다.

1 2 3 4 5 6 7 8 9 10 11 12

1985.4.20. 경기도 관악산

## 남산제비꽃 [제비꽃과]

*Viola dissecta* Ledeb. var. *chaerophyll-oides* (Regel) Makino

줄기는 없다. 잎은 뿌리에서 모여난다. 잎은 3갈래로 갈라지고, 양쪽의 갈래는 다시 2개로 갈라진다. 꽃줄기는 잎 사이에서 나며, 그 끝에 흰색 꽃이 1개씩 핀다. 꽃잎은 5장, 길이 1.0~1.5cm이다. 곁꽃잎에 털이 있고 향기가 난다. 거(距)는 짧은 원통형으로 길이 4mm쯤이다. 열매는 삭과로 세모진다.

1 2 3 4 5 6 7 8 9 10 11 12

- 분포/전국
- 생육지/숲 속
- 출현 빈도/흔함
- 생활형/여러해살이풀
- 개화기/3월 하순~5월 초순
- 결실기/6~7월
- 참고/식물체의 크기와 잎이 갈라지는 정도에 많은 변이가 있다.

2001.4.26. 충청남도 안면도

- 분포/충청남도 이남
- 생육지/양지바른 들판이나 숲 가장자리
- 출현 빈도/비교적 흔함
- 생활형/여러해살이풀
- 개화기/3월 중순~5월 중순
- 결실기/6~7월
- 참고/우리 나라에 자라는 제비꽃속 식물 중에서 꽃이 아름답기로 손꼽힌다.

## 낚시제비꽃

[제비꽃과]

*Viola grypoceras* A. Gray

줄기는 높이 6~20cm로 모여나서 비스듬히 서거나 옆으로 눕는다. 줄기잎은 길이와 너비가 각각 2~3cm로 어긋나며 심장형, 위로 갈수록 작아진다. 턱잎은 빗살처럼 갈라진다. 꽃은 자주색으로 뿌리와 줄기의 잎겨드랑이에서 난 꽃자루에 피고, 향기가 없다. 꽃잎은 길이 1cm쯤이며, 털이 없다. 열매는 삭과로 난형이다.

1 2 3 4 5 **6** **7** 8 9 10 11 12

2002.4.26. 경기도 마국산

## 흰털제비꽃 [제비꽃과]

*Viola hirtipes* S. Moore

줄기는 없다. 잎자루와 꽃자루에 흰색 긴 털이 난다. 잎은 길이 3~8cm, 너비 2~4cm로 뿌리에서 모여나며 긴 타원형, 끝은 둔하고 밑은 심장형이다. 잎 가장자리에 물결 모양의 둔한 톱니가 있다. 꽃은 붉은 자주색으로 길이 8~12cm의 꽃자루에 핀다. 꽃자루 가운데에 포가 2장 있다. 곁꽃잎 아래쪽에 털이 많다. 열매는 삭과이다.

| 1 | 2 | 3 | 4 | 5 | 6 | 7 | 8 | 9 | 10 | 11 | 12 |
|---|---|---|---|---|---|---|---|---|---|---|---|

- 분포/전국
- 생육지/숲 속
- 출현 빈도/비교적 흔함
- 생활형/여러해살이풀
- 개화기/3월 하순~5월 초순
- 결실기/6~7월
- 참고/잎자루와 꽃자루에 긴 털이 있어서 전체에 짧은 털이 나는 '털제비꽃 *V. phalacrocarpa* Maxim.'과 구분된다.

2000.4.22. 경기도 국망봉

- 분포/전국
- 생육지/숲 속
- 출현 빈도/비교적 흔함
- 생활형/여러해살이풀
- 개화기/4월 초순~5월 초순
- 결실기/6~7월
- 참고/잎은 연한 녹색이며, 질감이 부드러운 느낌이 든다.

## 잔털제비꽃 [제비꽃과]

*Viola keiskei* Miq.

줄기는 없다. 전체에 잔털이 많다. 잎은 길이 5~7cm, 너비 1~5cm로 뿌리에서 모여나며 난상 원형, 끝은 둥글거나 둔하고 밑은 깊은 심장형이다. 잎자루는 길이 2~8cm이다. 꽃은 흰색으로 길이 5~10cm의 꽃자루에 핀다. 꽃자루 가운데에 포가 2장 있으며, 털은 나지 않는다. 곁꽃잎 아래쪽에 털이 조금 있다. 열매는 삭과이다.

| 1 | 2 | 3 | 4 | 5 | 6 | 7 | 8 | 9 | 10 | 11 | 12 |
|---|---|---|---|---|---|---|---|---|---|---|---|

1998.4.18. 경상북도 운달산

## 흰젖제비꽃

[제비꽃과]

*Viola lactiflora* Nakai

줄기는 없다. 뿌리는 흰색이다. 잎은 모여 나며 삼각상 긴 타원형, 둔한 톱니가 있다. 잎자루에 날개가 없다. 꽃은 흰색으로 잎 사이에서 나는 꽃줄기 위에 1개씩 달린다. 꽃줄기 가운데 또는 조금 아래에 포가 2장 있다. 꽃받침은 5장, 끝이 뾰족하다. 꽃잎은 타원형, 곁꽃잎 안쪽에 털이 조금 있다. 열매는 삭과로 긴 타원형이며 세모진다.

1 2 3 4 5 6 7 8 9 10 11 12

- 분포/전국
- 생육지/산과 들
- 출현 빈도/비교적 흔함
- 생활형/여러해살이풀
- 개화기/4월 초순~5월 초순
- 결실기/6~7월
- 참고/중국 둥베이(東北) 지방에도 자란다.

1993.4.28. 충청북도 월악산

흰색 꽃

- 분포/전국
- 생육지/풀밭
- 출현 빈도/흔함
- 생활형/여러해살이풀
- 개화기/3월 초순~5월 초순
- 결실기/6~7월
- 참고/도시 잔디밭에서도 흔하게 볼 수 있다. '오랑캐꽃' 이라고도 한다.

## 제비꽃 [제비꽃과]

*Viola mandshurica* W. Becker

줄기는 없다. 잎은 길이 3~8cm, 너비 1.0~2.5cm로 삼각상 피침형, 가장자리에 톱니가 있으며, 뿌리에서 모여난다. 잎자루는 길이 3~15cm, 위쪽이 날개처럼 된다. 꽃은 짙은 자주색이지만 드물게 흰 바탕에 자주색 줄이 있는 것도 있다. 꽃잎은 5장, 곁꽃잎 안쪽에 털이 있다. 거(距)는 둥글고, 길이 5~7mm이다. 열매는 삭과로 넓은 타원형이며 세모진다.

1 2 3 4 5 6 7 8 9 10 11 12

1993.5.18. 강원도 설악산

## 노랑제비꽃 [제비꽃과]

*Viola orientalis* (Maxim.) W. Becker

줄기는 높이 10~20cm로 곧추선다. 뿌리에서 나는 잎은 2~3장이다. 잎은 길이와 너비가 각각 2.5~4.0cm로 심장형, 톱니가 있다. 잎 뒷면은 갈색을 띠며 뽀얗게 된다. 줄기잎은 맨 아래 1장을 제외하고는 잎자루가 짧다. 꽃은 노란색으로 잎겨드랑이에 2~3개가 핀다. 꽃잎은 5장이다. 열매는 삭과로 난상 타원형이며 세모진다.

1 2 3 4 5 6 7 8 9 10 11 12

- 분포/전국
- 생육지/높은 산 숲 속
- 출현 빈도/비교적 흔함
- 생활형/여러해살이풀
- 개화기/4월 초순~5월 하순
- 결실기/8~9월
- 참고/줄기가 있고 노란 꽃이 피므로 다른 종과 쉽게 구분된다.

1995.5.6. 충청북도 소백산

- 분포/전국
- 생육지/숲 속
- 출현 빈도/비교적 흔함
- 생활형/여러해살이풀
- 개화기/4월 초순~5월 하순
- 결실기/6~7월
- 참고/잎이 날 때 고깔 모양으로 둥글게 말리는 모습에서 우리말 이름이 붙여졌다.

## 고깔제비꽃 [제비꽃과]

*Viola rossii* Hemsl.

줄기는 없다. 잎은 2~5장이 모여난다. 잎은 심장형, 다 자란 것은 길이와 너비가 각각 4~8cm, 톱니가 있다. 꽃은 붉은 보라색으로 잎보다 먼저 피거나 동시에 피는데, 길이 10~15cm의 꽃자루 끝에 1개씩 핀다. 꽃잎은 5장, 곁꽃잎 안쪽에 털이 있다. 거(距)는 길이 3~4mm, 끝이 둥글다. 열매는 삭과로 타원형이며 세모진다.

1 2 3 4 5 6 7 8 9 10 11 12

1997.4.30. 전라북도 덕유산

## 뫼제비꽃 [제비꽃과]

*Viola selkirkii* Pursh ex Goldie

줄기는 없다. 잎은 2~3장이 모여나며 심장형, 길이와 너비가 각각 2~3cm이지만 꽃이 핀 다음 조금 더 커진다. 잎자루는 길이 3~10cm이다. 꽃자루는 길이 5~8cm, 위쪽에 포가 2장 있다. 꽃은 연한 자주색 또는 보라색이다. 꽃잎은 5장, 길이 1.5~1.7cm, 입술꽃잎에 자주색 줄이 있고 곁꽃잎에 털이 없다. 열매는 삭과로 난형이며 세모진다.

1 2 3 4 5 6 7 8 9 10 11 12

- 분포/전국
- 생육지/높은 산 숲 속
- 출현 빈도/비교적 흔함
- 생활형/여러해살이풀
- 개화기/4월 초순~5월 하순
- 결실기/6~7월
- 참고/높은 산에 자라며, 작지만 깔끔한 외모를 가진 종이다.

1999.4.26. 서울 북한산

- 분포/제주도를 제외한 전국
- 생육지/양지바른 들판
- 출현 빈도/비교적 드묾
- 생활형/여러해살이풀
- 개화기/4월 초순~5월 초순
- 결실기/6~7월
- 참고/한국 특산 식물이다.

## 서울제비꽃 [제비꽃과]

*Viola seoulensis* Nakai

줄기는 없다. 잎은 길이 1.3~2.7cm, 너비 0.9~1.3cm로 여러 장이 모여나며, 긴 타원형, 톱니가 있다. 잎자루는 위쪽에 날개가 조금 발달한다. 꽃은 붉은 보라색이다. 꽃자루는 길이 5.5~8.5cm, 겉에 털이 있고, 가운데에 포가 2장 있다. 꽃잎은 난상 타원형, 곁꽃잎에는 털이 조금 있다. 열매는 삭과로 난상 타원형이며 세모진다.

1 2 3 4 5 6 7 8 9 10 11 12

뫼제비꽃 군락지　　1998.5.6. 전라북도 덕유산

1996.4.28. 경기도 천마산

## 민둥뫼제비꽃 [제비꽃과]

*Viola tokubuchiana* Makino var. *takedana* F. Maek.

줄기는 없다. 잎은 길이 3~6cm, 너비 2.0~4.5cm로 난상 타원형, 밑은 심장형, 가장자리에 톱니가 있다. 잎 앞면은 흰색 무늬가 있는 경우도 있으며, 뒷면은 자줏빛이 돌고 털이 있다. 꽃자루는 길이 5~8cm, 자주색 반점이 있다. 꽃은 흰색에 가까운 연분홍색이다. 꽃받침잎은 끝이 뾰족하고 부속체에 톱니가 2~3개 있다. 꽃잎은 길이 1.2~1.5cm이다. 열매는 삭과로 난상 타원형이다.

1 2 3 4 5 6 7 8 9 10 11 12

- 분포/전국
- 생육지/숲 속
- 출현 빈도/비교적 드묾
- 생활형/여러해살이풀
- 개화기/4월 초순~5월 하순
- 결실기/6~7월
- 참고/일본과 중국 둥베이(東北) 지방에도 분포하는 것으로 알려져 있다.

1998.4.19. 경상북도 주흘산

- 분포/전국
- 생육지/숲 속
- 출현 빈도/비교적 흔함
- 생활형/여러해살이풀
- 개화기/4월 초순~5월 하순
- 결실기/6~7월
- 참고/잎 앞면에 얼룩무늬가 있는 데서 우리말 이름이 붙여졌다.

## 알록제비꽃

[제비꽃과]

*Viola variegata* Fisch. ex Link

줄기는 없다. 잎은 길이와 너비가 각각 2.5~5.0cm로 여러 장이 나며 넓은 타원형이다. 잎 끝은 둔하거나 둥글다. 잎자루는 길이 2~5cm이지만 꽃이 진 다음에 15cm 이상 자라기도 한다. 잎 앞면에 얼룩 반점이 있으며, 가장자리에 톱니가 있다. 꽃은 자주색이다. 꽃받침잎은 난상 피침형, 길이 3~7mm이다. 꽃잎은 길이 0.8~1.3cm, 곁꽃잎에 털이 많다. 열매는 삭과로 난상 타원형이다.

| 1 | 2 | 3 | 4 | 5 | 6 | 7 | 8 | 9 | 10 | 11 | 12 |
|---|---|---|---|---|---|---|---|---|---|---|---|

1997.5.1. 전라북도 덕유산

## 콩제비꽃 [제비꽃과]

*Viola verecunda* A. Gray

줄기는 높이 5~20cm로 비스듬히 선다. 뿌리잎은 길이 1.5~2.5cm, 너비 2.0~3.5cm로 신장형, 둔한 톱니가 있다. 줄기잎은 길이 0.7~2.0cm로 어긋나며 넓은 심장형이다. 꽃은 흰색으로 잎겨드랑이에 나는 꽃자루 끝에 1개씩 핀다. 꽃잎은 길이 0.8~1.0cm, 입술꽃잎에 자주색 줄이 있고 곁꽃잎에 털이 있다. 거(距)는 길이 2~3mm로 짧고, 주머니 모양이다. 열매는 삭과이다.

1 2 3 4 5 6 7 8 9 10 11 12

- 분포/전국
- 생육지/습지
- 출현 빈도/비교적 흔함
- 생활형/여러해살이풀
- 개화기/4월 초순~6월 초순
- 결실기/6~7월
- 참고/전체적으로 크기가 작지만, 자세히 보면 줄기가 있는 제비꽃 종류이다.

1997.5.8. 경기도 유명산

- 분포/강원도, 경기도, 충청북도, 북부 지방
- 생육지/숲 속
- 출현 빈도/매우 드묾
- 생활형/여러해살이풀
- 개화기/4월 하순~5월 하순
- 결실기/6~7월
- 참고/북방계 식물로, 청주 부근까지 내려와 자란다. 자생지가 몇 곳 되지 않는, 멸종 위기에 처한 식물이다.

## 왕제비꽃

[제비꽃과]

*Viola websteri* Forb. et Hemsl.

줄기는 높이 40~60cm로 곧추서며 털이 없다. 잎은 길이 8~12cm, 너비 2~3cm로 어긋나며, 긴 타원형, 톱니가 발달한다. 꽃은 흰색으로 잎겨드랑이 또는 줄기 끝에서 나는 꽃자루에 1개씩 달린다. 꽃받침잎은 5개, 길이 5~6mm이다. 꽃잎은 길이 12~13mm, 곁꽃잎 안쪽에 털이 없고, 입술꽃잎은 흰 바탕에 자주색 줄이 있다. 거(距)는 길이 3mm 쯤이다. 열매는 삭과이다.

1 2 3 4 5 6 7 8 9 10 11 12

2000.4.15. 경상북도 울릉도

## 우산제비꽃 [제비꽃과]

*Viola woosanensis* Y.N. Lee et J.K. Kim

줄기는 없다. 잎은 길이 3.3~7.5cm, 너비 2.5~4.5cm로 불규칙하게 갈라지고, 양면에 털이 있다. 턱잎은 끝이 뾰족하고 길이 1.0~1.3cm이다. 꽃은 보라색으로 길이 2.0~2.2cm이다. 꽃줄기는 갈색을 띤 녹색으로 길이 3.0~7.5cm이다. 꽃받침잎은 피침형, 아래쪽은 이 모양이고 끝이 뾰족하며, 길이 1.4cm, 너비 3.8cm이다.

1 2 3 4 5 6 7 8 9 10 11 12

- 분포/울릉도
- 생육지/숲 속
- 출현 빈도/비교적 드묾
- 생활형/여러해살이풀
- 개화기/3월 하순~4월 하순
- 결실기/5~7월
- 참고/최근에 울릉도 특산 식물로 발표되었다. 잎이 갈라지는 정도는 변이가 매우 심하다.

1998.4.5. 한라수목원 수꽃

1998.4.5. 한라수목원 암꽃

- 분포/남부 지방, 대청도 이남 서해안, 울릉도
- 생육지/숲 속
- 출현 빈도/비교적 드묾
- 생활형/늘푸른떨기나무
- 개화기/3월 초순~4월 하순
- 결실기/10~5월
- 참고/열매의 모양이 대추를 닮았으므로 울릉도에서는 '멧대추' 라고 한다.

## 식나무 [층층나무과]

*Aucuba japonica* Thunb.

줄기 높이 2~4m. 잎은 길이 5~20cm, 너비 2~10cm로 마주나며, 긴 타원형 또는 피침형, 가장자리에 톱니가 있다. 잎자루는 길이 2~5cm이다. 꽃은 검은 보라색으로 암수 딴그루, 원추 꽃차례로 달리며, 지름 8mm쯤이다. 수꽃차례는 길이 7~10cm, 암꽃차례는 길이 1~2cm이다. 꽃잎은 4장이다. 열매는 핵과로 타원형, 10월에 붉게 익어 다음해 봄까지 남아 있다.

| 1 | 2 | 3 | 4 | 5 | 6 | 7 | 8 | 9 | 10 | 11 | 12 |
|---|---|---|---|---|---|---|---|---|---|---|---|

1996.5.6. 강원도 설악산

## 붉은참반디 [산형과]

*Sanicula rubriflora* F. Schmidt

줄기 높이 20~50cm. 뿌리잎은 지름 6~20cm, 깊게 3갈래로 갈라지고, 양쪽 갈래는 다시 2갈래로 갈라지며, 잎자루는 길이 20~40cm이다. 줄기잎은 줄기 위쪽에서 1쌍이 마주나며, 잎자루가 없다. 꽃은 줄기잎 사이에서 꽃자루가 1~5개 난 다음 각각에 자루가 짧은 꽃이 여러 개 달린다. 꽃은 어두운 자주색이다. 열매는 분과로 1~3개씩 달리고, 겉에 끝이 꼬부라진 가시가 있다.

1 2 3 4 5 6 7 8 9 10 11 12

- 분포/덕유산 이북
- 생육지/높은 산 숲 속
- 출현 빈도/비교적 드묾
- 생활형/여러해살이풀
- 개화기/4월 하순~6월 초순
- 결실기/7~9월
- 참고/줄기는 꽃이 핀 다음에 더욱 높이 자란다.

1998.5.13. 충청북도 국사봉

- 분포/경기도, 경상남도, 충청북도(국사봉), 전라남도(진도)
- 생육지/숲 속 습지
- 출현 빈도/비교적 드묾
- 생활형/여러해살이풀
- 개화기/5월 초순~6월 초순
- 결실기/9~10월
- 참고/'붉은참반디'에 비해 중부 이남에 분포하는데, 전체가 작고, 꽃은 노란빛이 도는 흰색이므로 다르다.

## 애기참반디

[산형과]

*Sanicula tuberculata* Maxim.

줄기 높이 10~20cm. 뿌리줄기는 굵고 짧다. 뿌리잎은 둥근 신장 모양, 지름 3~7cm, 3갈래로 갈라진 다음 양쪽 갈래가 다시 2갈래로 갈라지며, 잎자루는 길이 5~15cm이다. 줄기잎은 2장이 마주나며 잎자루가 없다. 꽃은 흰색으로 줄기 끝에 작은 산형 꽃차례로 2~3개씩 핀다. 꽃자루는 길이 1~3cm이다. 총포는 선상 피침형, 길이 4~10mm이다. 열매는 분과로 1~4개씩 달린다.

1 2 3 4 5 6 7 8 9 10 11 12

2001.6.4. 제주도 한라산

## 매화노루발 [노루발과]

*Chimaphila japonica* Miq.

줄기는 높이 5~10cm로 아래쪽이 조금 옆으로 굽었다가 곧추선다. 잎은 길이 2.0~3.5cm, 너비 0.6~1.0cm로 넓은 피침형, 날카로운 톱니가 있고, 어긋나며, 가죽질이다. 꽃은 흰색으로 줄기 끝에 1~3개씩 밑을 향해 달리며, 지름 1cm쯤이다. 꽃받침은 5갈래로 갈라지고 길이 6~7mm이다. 꽃잎은 5장으로 길이 7~8mm이다. 수술은 10개이다. 열매는 삭과로 납작하고 둥글다.

1 2 3 4 5 6 7 8 9 10 11 12

- 분포/전국
- 생육지/숲 속
- 출현 빈도/비교적 드묾
- 생활형/상록성 여러해살이풀
- 개화기/5월 중순~6월 하순
- 결실기/8~10월
- 참고/5장의 꽃잎으로 이루어진 흰색 꽃이 매화를 닮은 데서 우리말 이름이 붙여졌다.

1995.3.26. 경상남도 거제도

- 분포/전국
- 생육지/산과 들의 양지 바른 곳
- 출현 빈도/흔함
- 생활형/갈잎떨기나무
- 개화기/3월 하순~5월 초순
- 결실기/6~7월
- 참고/'참꽃'이라 하기도 하며, 꽃을 먹을 수 있다.

## 진달래 [진달래과]

*Rhododendron mucronulatum* Turcz.

줄기는 높이 2~3m로 가지가 많이 갈라진다. 잎은 길이 4~7cm, 너비 2~3cm로 어긋나며, 타원형 또는 피침형이다. 꽃은 연분홍색으로 잎보다 먼저 피고, 가지 끝에 1~5개씩 달리며, 지름 3~5cm이다. 화관은 넓은 깔때기 모양이다. 수술은 10개로 아래쪽에 털이 있으며, 암술대보다 짧다. 열매는 삭과로 타원형이다.

1 2 3 4 5 6 7 8 9 10 11 12

1999.4.20. 경상북도 문경

## 흰진달래 [진달래과]

*Rhododendron mucronulatum* Turcz. var. *albiflora* Nakai

줄기는 높이 2~3m로 가지가 많이 갈라진다. 잎은 길이 4~7cm, 너비 2~3cm로 어긋나며, 타원형 또는 피침형이다. 꽃은 흰색으로 잎보다 먼저 피고, 가지 끝에 1~5개씩 달리며, 지름 3~5cm이다. 화관은 넓은 깔때기 모양이다. 수술은 10개, 암술대보다 짧다. 열매는 삭과로 타원형이다. 진달래와 비슷하지만 꽃 색깔이 다른 변종이다.

1 2 3 4 5 6 7 8 9 10 11 12

- 분포/전국
- 생육지/산과 들의 양지바른 곳
- 출현 빈도/매우 드묾
- 생활형/갈잎떨기나무
- 개화기/3월 하순~5월 초순
- 결실기/6~7월
- 참고/한때 멸종된 것으로 알려지기도 했지만, 최근 몇 곳에서 다시 발견되었다.

1988.5.24. 제주도 한라산

◆ 분포/전국
◆ 생육지/고지대 능선
◆ 출현 빈도/비교적 흔함
◆ 생활형/갈잎떨기나무
◆ 개화기/5월 초순~6월 초순
◆ 결실기/7~8월
◆ 참고/'진달래'에 비해서 고산 지대에 자라며, 꽃이 늦게 핀다.

## 털진달래

[진달래과]

*Rhododendron mucronulatum* Turcz. var. *ciliatum* Nakai

줄기는 높이 1~2m로 가지가 많이 갈라진다. 어린 가지와 잎에 털이 많이 나고, 늦게까지 남아 있다. 꽃은 진한 분홍색으로 잎보다 먼저 또는 동시에 피고, 가지 끝에 1~3개씩 달리며, 지름 2~4cm이다. 수술은 10개, 암술대보다 짧다. 열매는 삭과로 타원형이다. 진달래와 비슷하지만 고산 지대에 자라며, 털이 많은 변종이다.

1 2 3 4 5 6 7 8 9 10 11 12

1988.5.25. 충청북도 소백산

## 철쭉나무 [진달래과]

*Rhododendron schlippenbachii* Maxim.

줄기 높이 2~5m. 잎은 길이 5~7cm, 너비 3~5cm로 가지 끝에 4~5장씩 어긋나게 모여나며, 도란형, 가장자리가 밋밋하다. 꽃은 연분홍색으로 잎과 동시에 피고, 가지 끝에 산형 꽃차례로 3~7개씩 달린다. 화관은 깔때기 모양, 윗부분 안쪽에 붉은 갈색 반점이 있고, 지름 5~6cm이다. 수술은 10개, 그 중 5개가 길다. 암술은 1개이다. 열매는 삭과로 난형이다.

1 2 3 4 5 6 7 8 9 10 11 12

- 분포/제주도를 제외한 전국
- 생육지/능선 또는 숲 속
- 출현 빈도/흔함
- 생활형/갈잎떨기나무
- 개화기/4월 하순~6월 초순
- 결실기/7~8월
- 참고/꽃잎을 먹을 수 없기 때문에 '개꽃'이라 하기도 한다.

1985.5.28. 제주도 한라산

- 분포/제주도(한라산 중턱 아래)
- 생육지/숲 속
- 출현 빈도/비교적 드묾
- 생활형/갈잎떨기나무
- 개화기/5월 초순~6월 초순
- 결실기/8~9월
- 참고/우리 나라에는 한라산에만 분포하고, 세계적으로는 일본에서도 자란다.

## 참꽃나무 [진달래과]

*Rhododendron weyrichii* Maxim.

줄기 높이 3~6m. 잎은 길이 3.5~8.0cm, 너비 2.5~6.0cm로 2~3장씩 모여나며, 가장자리가 밋밋하다. 잎 양 면에 처음에는 갈색 털이 있으나 차츰 없어진다. 꽃은 붉은색으로 잎과 동시에 피고, 2~5개씩 달리며, 지름 5~6cm이다. 화관은 깔때기 모양이다. 꽃자루, 꽃받침, 씨방에 갈색 털이 많다. 수술은 10개, 암술은 1개이다. 열매는 삭과로 원통형, 길이 1~2cm이다.

1 2 3 4 5 6 7 8 9 10 11 12

1984.5.6. 전라남도 지리산

## 산철쭉 [진달래과]

*Rhododendron yedoense* Maxim. ex Regel var. *poukhanense* (H. Lév.) Nakai

줄기 높이 1~2m. 잎은 길이 3~8cm, 너비 1~3cm로 어긋나며, 긴 타원형, 가장자리가 밋밋하다. 잎 양 면에 갈색 털이 나며, 점액 성분이 있어서 끈적거린다. 꽃은 붉은색 또는 드물게 흰색으로 2~3개가 산형 꽃차례로 달린다. 화관은 깔때기 모양, 윗부분 안쪽에 짙은 자주색 반점이 있다. 열매는 삭과이다.

1 2 3 4 5 6 7 8 9 10 11 12

- 분포/평안북도 이남
- 생육지/산기슭 물가나 고산 지대
- 출현 빈도/비교적 흔함
- 생활형/갈잎떨기나무
- 개화기/5월 초순~6월 초순
- 결실기/7~8월
- 참고/물가에 자라므로 '물철쭉' 또는 '수달래'라고도 한다. 한라산에서는 고지대에 자란다.

1986.4.11. 제주도

- 분포/제주도
- 생육지/바닷가나 저지대 숲 속
- 출현 빈도/비교적 흔함
- 생활형/한해살이풀
- 개화기/3월 하순~5월 초순
- 결실기/5~7월
- 참고/전세계 난대 지방에 널리 자라는 남방계 식물이다.

## 뚜껑별꽃

[앵초과]

*Anagallis arrense* L.

줄기는 높이 10~30cm로 옆으로 뻗다가 비스듬히 선다. 잎은 길이 1.0~2.5cm, 너비 0.5~1.5cm로 마주나며, 가장자리가 밋밋하다. 잎자루는 없다. 꽃은 푸른빛이 도는 보라색으로 꽃자루에 1개씩 달린다. 수술은 5개, 수직으로 선다. 수술대에 털이 많다. 열매는 삭과로 둥글며, 지름 4mm쯤, 익으면 가로로 뚜껑이 열리듯이 벌어진다.

1 2 3 4 5 6 7 8 9 10 11 12

1989.5.4. 강원도 영월

## 봄맞이 [앵초과]

*Androsace umbellata* (Lour.) Merr.

줄기 높이 10~15cm. 전체에 퍼진 털이 있다. 잎은 길이와 너비가 각각 4~15mm로 뿌리에서 나와 지면으로 퍼지고, 심장형 또는 둥근 난형, 가장자리에 톱니가 있다. 꽃은 흰색으로 잎 사이에서 나는 꽃줄기 끝에 4~10개씩 산형 꽃차례로 달리며, 지름 4~5mm이다. 꽃받침과 화관은 5갈래로 깊게 갈라진다. 열매는 삭과로 둥글다.

1 2 3 4 5 6 7 8 9 10 11 12

- 분포/전국
- 생육지/밭 가장자리나 들판
- 출현 빈도/흔함
- 생활형/두해살이풀
- 개화기/4월 초순~5월 하순
- 결실기/6~7월
- 참고/전체를 말려서 한약재로 쓴다.

1980.5.26. 강원도 설악산

- 분포/전국
- 생육지/숲 속 습지
- 출현 빈도/비교적 흔함
- 생활형/여러해살이풀
- 개화기/5월 초순~6월 초순
- 결실기/8~9월
- 참고/꽃과 잎이 아름다우므로 관상 식물로서 가치가 높다.

## 큰앵초 [앵초과]

*Primula jesoana* Miq.

줄기는 없다. 잎은 길이 4~8cm, 너비 6~12cm로 손바닥 모양의 둥근 신장형이다. 잎 가장자리는 7~9갈래로 얕게 갈라진다. 잎자루는 길이 30cm쯤이다. 꽃은 붉은 보라색으로 20~40cm의 꽃줄기 위쪽에 1~4층으로 층층이 달리며, 각 층에 꽃이 5~6개씩 붙는다. 꽃자루는 길이 1~4cm이다. 화관통은 길이 1.2~1.4cm이다. 수술은 5개이다. 열매는 삭과이다.

1 2 3 4 5 6 7 8 9 10 11 12

흰색 꽃

2001.5.25. 제주도 한라산

## 설앵초 [앵초과]

*Primula modesta* Bisset et S. Moore var. *fauriei* (Franch.) Takeda

줄기는 없으며, 꽃줄기 높이는 15cm쯤이다. 잎은 길이 3~6cm, 너비 1~2cm, 주걱 모양으로 가장자리에 톱니가 있고, 밑이 좁아져서 날개처럼 된다. 잎 뒷면은 흰 연두색 가루를 덮어쓴 것처럼 보인다. 꽃은 연한 자주색 또는 드물게 흰색으로 산형 꽃차례를 이루어 피며, 지름 1.0~1.4cm이다. 화관은 위쪽이 5갈래로 갈라지며, 갈래의 끝 가운데가 오목하게 들어간다. 수술은 5개, 암술은 1개이다. 열매는 삭과이다.

1 2 3 4 5 6 7 8 9 10 11 12

- 분포/경상남도 가야산 · 신불산, 한라산
- 생육지/높은 산 바위 지대나 풀밭
- 출현 빈도/매우 드묾
- 생활형/여러해살이풀
- 개화기/5월 초순~6월 중순
- 결실기/8~9월
- 참고/북방계 식물이다. 자생지가 몇 곳밖에 알려지지 않은 희귀 식물로서, 예전에는 덕유산에도 있었다고 하나 지금은 발견되지 않는다.

1983.5.20. 제주도 한라산

설앵초

1990.5.3. 경기도 광릉

## 앵초 [앵초과]

*Primula sieboldii* E. Morren

줄기는 없으며, 꽃줄기 높이는 15~40cm이다. 뿌리줄기는 옆으로 비스듬히 서며 잔뿌리가 내린다. 잎은 길이 4~10cm, 너비 3~6cm, 난형 또는 타원형으로 뿌리에서 모여난다. 잎 가장자리는 얕게 갈라지고 톱니가 있다. 꽃은 붉은 보라색 또는 드물게 흰색으로 7~20개가 산형 꽃차례를 이루며, 화관은 지름 2~3cm, 5갈래로 갈라진다. 열매는 삭과이다.

1 2 3 4 5 6 7 8 9 10 11 12

- 분포/제주도를 제외한 전국
- 생육지/냇가 부근 습지
- 출현 빈도/비교적 드묾
- 생활형/여러해살이풀
- 개화기/4월 초순~5월 초순
- 결실기/8~9월
- 참고/꽃이 아름다운 원예 자원이며, 뿌리와 뿌리줄기는 한약재로 쓴다.

1998.5.22. 강원도 설악산

- 분포/강원도 이남
- 생육지/숲 속
- 출현 빈도/흔함
- 생활형/갈잎작은키나무
- 개화기/5월 초순~6월 중순
- 결실기/9~10월
- 참고/꽃이 아름다워 관상 식물로서 가치가 높지만, 추운 지방에서 살지 못하는 것이 흠이다.

## 때죽나무 [때죽나무과]

*Styrax japonicus* Siebold et Zucc.

줄기는 높이 5~15m로 흑갈색이다. 잎은 길이 2~8cm, 너비 2~4cm, 난형 또는 긴 타원형으로 어긋난다. 잎자루는 길이 5~10mm이다. 꽃은 흰색으로 잎겨드랑이에 총상 꽃차례로 2~5개씩 달리며, 지름 1.5~3.5cm이다. 꽃자루는 길이 1~3cm이다. 수술은 10개, 길이 1.0~1.5cm로 아래쪽에 흰 털이 있다. 열매는 핵과로 둥글며, 완전히 익으면 껍질이 벗겨지고 씨가 나온다.

1 2 3 4 5 6 7 8 9 10 11 12

1995.6.4. 경기도 천마산

## 쪽동백나무 [때죽나무과]

*Styrax obassia* Siebold et Zucc.

줄기는 높이 5~15m로 검은빛이 난다. 잎은 길이 7~20cm, 너비 8~20cm로 어긋나고, 난상 원형, 가장자리에 잔 톱니가 있다. 꽃은 흰색으로, 햇가지에 길이 10~20cm의 총상 꽃차례로 20여 개가 밑으로 처져 달린다. 꽃자루는 길이 1cm쯤이다. 화관은 지름 2cm쯤, 끝이 5갈래로 갈라진다. 꽃받침은 5~9갈래로 갈라진다. 열매는 핵과로 타원형이며, 길이 2cm쯤이다.

1 2 3 4 5 6 7 8 9 10 11 12

- 분포/전국
- 생육지/숲 속
- 출현 빈도/흔함
- 생활형/갈잎작은키나무
- 개화기/5월 중순~6월 하순
- 결실기/9~10월
- 참고/꽃은 아름답고 향기가 있으며, 동백나무 꽃처럼 통째로 떨어진다.

1985.5.5. 충청북도 속리산

열매

- 분포/전국
- 생육지/숲 속
- 출현 빈도/흔함
- 생활형/갈잎떨기나무
- 개화기/5월 초순~6월 하순
- 결실기/9~10월
- 참고/꽃과 열매가 모두 아름다우므로 관상 가치가 높다. 줄기를 태우면 노란 재가 남는 데서 우리말 이름이 붙여졌다.

## 노린재나무 [노린재나무과]

*Symplocos chinensis* (Lour.) Druce var. *leucocarpa* (Nakai) Ohwi for. *pilosa* (Nakai) Ohwi

줄기는 높이 3~6m로 가지가 많이 갈라진다. 잎은 길이 5~7cm, 너비 3~4cm로 어긋나며, 도란형 또는 긴 난형, 가장자리에 잔톱니가 있다. 꽃은 흰색으로 원추 꽃차례로 달린다. 꽃받침과 화관은 5갈래로 갈라진다. 수술은 많고 화관보다 길다. 열매는 핵과로 타원형이며, 남색으로 익는다.

| 1 | 2 | 3 | 4 | 5 | 6 | 7 | 8 | 9 | 10 | 11 | 12 |
|---|---|---|---|---|---|---|---|---|---|---|---|

1990.4.1. 충청북도 괴산

열매

## 미선나무 [물푸레나무과]

*Abeliophyllum distichum* Nakai

줄기는 높이 1~2m로 가지 끝이 처진다. 잎은 길이 3~8cm, 너비 1~3cm, 난형으로 마주나며, 끝이 뾰족하다. 꽃은 흰색 또는 연분홍색으로 잎보다 먼저 피며, 가지 끝에 길이 3~15cm의 총상 꽃차례로 달린다. 꽃받침과 꽃잎은 4갈래로 갈라진다. 수술은 2개, 암술은 1개이다. 열매는 시과로 둥근 부채 모양, 지름 2~3cm이다.

1 2 3 4 5 6 7 8 9 10 11 12

- 분포/서울(북한산), 경기도, 전라북도(변산 반도), 충청북도(괴산, 영동, 진천), 황해도
- 생육지/저지대 숲 속
- 출현 빈도/매우 드묾
- 생활형/갈잎떨기나무
- 개화기/3월 초순~4월 하순
- 결실기/8~9월
- 참고/한국 특산속 식물이다. 열매의 모양이 미선(부채)을 닮아서 우리말 이름이 붙여졌다.

1990.5.27. 제주도

- 분포/중부 지방 이남
- 생육지/주로 바닷가 숲 속
- 출현 빈도/비교적 드묾
- 생활형/갈잎큰키나무
- 개화기/4월 하순~6월 초순
- 결실기/10~11월
- 참고/꽃이 피면 나무 전체가 눈이 내린 것처럼 하얗게 된다. 최근에 남부 지방에서 가로수로 많이 심는다.

## 이팝나무 [물푸레나무과]

*Chionanthus retusus* Lindl. et Paxton

줄기는 높이 20~30m로 어린 가지는 황갈색, 껍질이 벗겨진다. 잎은 길이 3~15cm, 너비 2~6cm, 타원형으로 마주나며, 감나무 잎을 닮았다. 꽃은 흰색으로 햇가지 끝에 원추 꽃차례로 피며, 향기가 난다. 꽃받침과 꽃잎은 깊게 4갈래로 갈라진다. 수술은 2개, 화통에 붙어 있고, 수꽃에 암술이 없다. 열매는 핵과로 타원형, 길이 1.0~1.5cm이다.

1 2 3 4 5 6 7 8 9 10 11 12

1996.5.6. 강원도 설악산

## 만리화 [물푸레나무과]

*Forsythia ovata* Nakai

줄기는 높이 1~2m로 가지가 갈라져 옆으로 퍼진다. 잎은 길이 5~7cm, 너비 4~6cm, 넓은 난형으로 마주나고 윤이 나며, 끝이 뾰족하고 가장자리에 톱니가 있다. 꽃은 밝은 노란색으로 잎보다 먼저 피고, 잎겨드랑이에 1개씩 달린다. 화관은 4갈래로 깊게 갈라진다. 수술은 2개, 화관통에 붙고 암술보다 짧다. 열매는 삭과로 난형, 길이 1cm쯤이다.

1 2 3 4 5 6 7 8 9 10 11 12

- 분포/강원도, 경상북도, 황해도
- 생육지/고지대 숲 속
- 출현 빈도/매우 드묾
- 생활형/갈잎떨기나무
- 개화기/3월 하순~5월 초순
- 결실기/9~10월
- 참고/한국 특산 식물이다. 줄기가 옆으로 퍼지기는 하지만 늘어져 처지지는 않는다.

2001.4.16. 경상북도 의성

- 분포/경기도, 경상북도, 전라북도
- 생육지/숲 가장자리 또는 숲 속
- 출현 빈도/매우 드묾
- 생활형/갈잎떨기나무
- 개화기/3월 초순~4월 중순
- 결실기/9~10월
- 참고/한국 특산 식물이다. 관악산, 북한산, 안동 등지에 자라며, 전라북도 임실군 관촌면 군락은 천연 기념물로 지정되어 있다.

## 산개나리 [물푸레나무과]

*Forsythia saxatilis* Nakai

줄기는 높이 1~2m로 회갈색이다. 잎은 길이 2~6cm, 너비 1~3cm, 타원형 또는 넓은 피침형으로 마주난다. 잎 앞면은 녹색으로 털이 없고, 뒷면은 연한 녹색으로 맥 위에 잔털이 있다. 꽃은 연한 노란색으로 잎보다 먼저 피며, 잎겨드랑이에 1개씩 달린다. 꽃잎은 길이 1.2~1.5cm, 4갈래로 갈라진다. 열매는 삭과이다.

1 2 3 4 5 6 7 8 9 10 11 12

1994.5.6. 충청북도 소백산

## 쇠물푸레 [물푸레나무과]

*Fraxinus sieboldiana* Blume

줄기는 높이 5~10m로 어린 가지는 회갈색이다. 잎은 마주나며, 작은잎 5~9장으로 된 깃꼴겹잎이다. 작은잎은 길이 5~10cm, 너비 2~4cm, 난형으로 가장자리에 톱니가 있다. 꽃은 흰색으로 암수 딴그루, 햇가지 끝에 길이 10cm쯤의 원추 꽃차례로 달린다. 꽃잎은 선형, 수술과 길이가 같다. 수술은 2개이다. 암꽃에 퇴화된 작은 수술이 있다. 열매는 시과로 피침형, 날개가 있다.

1 2 3 4 5 6 7 8 9 10 11 12

- 분포/강원도 이남
- 생육지/숲 속
- 출현 빈도/흔함
- 생활형/갈잎작은키나무
- 개화기/5월 초순~6월 중순
- 결실기/9~10월
- 참고/'물푸레나무'에 비해 전체의 크기가 작은 데서 우리말 이름이 붙여졌다.

1991.5.7. 경기도 광주

- 분포/전국
- 생육지/양지바른 들판
- 출현 빈도/흔함
- 생활형/두해살이풀
- 개화기/4월 초순~6월 하순
- 결실기/6~8월
- 참고/꽃받침잎의 끝부분이 밖으로 조금 굽어 있으므로 다른 구슬붕이 종류들과 구별된다.

## 구슬붕이 [용담과]

*Gentiana squarrosa* Ledeb.

줄기는 높이 2~10cm로 여러 대가 모여난다. 잎은 마주난다. 아래쪽 잎은 2~3쌍으로 크며, 십자가 모양으로 늘어서고, 길이 1~4cm, 너비 0.5~1.2cm이다. 줄기잎은 넓은 난형, 끝이 뾰족하다. 꽃은 연한 보라색 또는 흰색으로 가지 끝의 짧은 꽃자루에 달린다. 꽃받침은 5갈래로 갈라지고, 갈래는 난형 또는 도란형이다. 화관은 종 모양, 갈래 사이에 작은 갈래가 있다. 열매는 삭과이다.

1 2 3 4 5 6 7 8 9 10 11 12

1986.4.11. 제주도

## 큰구슬붕이 [용담과]

*Gentiana zollingeri* Fawc.

줄기 높이 5~10cm. 뿌리잎은 줄기잎보다 작고, 꽃이 필 때 마른다. 줄기잎은 길이 0.5~1.2cm, 너비 0.3~1.0cm, 난형으로 마주나며, 가장자리가 두껍고 흰색이다. 잎 뒷면은 붉은색이 돈다. 꽃은 자줏빛이 돌며, 줄기 끝에 몇 개씩 모여 달린다. 화관은 길이 2.0~2.5cm로 꽃받침보다 2~2.5배 길고, 갈래 사이에 작은 갈래가 있다. 열매는 삭과이다.

- 분포/전국
- 생육지/산지 숲 속
- 출현 빈도/비교적 흔함
- 생활형/두해살이풀
- 개화기/4월 초순~6월 하순
- 결실기/8~10월
- 참고/'구슬붕이'에 비해 꽃의 크기가 큰 데서 우리말 이름이 붙여졌다.

1 2 3 4 5 6 7 8 9 10 11 12

1995.5.27. 제주도 한라산

- 분포/전국
- 생육지/산지 숲 속
- 출현 빈도/비교적 흔함
- 생활형/여러해살이풀
- 개화기/5월 초순~7월 초순
- 결실기/9~10월
- 참고/꽃이 아름다운 원예 자원이며, 뿌리는 말려서 한약재로 쓴다.

## 민백미꽃 [박주가리과]

*Cynanchum ascyrifolium* (Franch. et Sav.) Matsum.

줄기는 높이 30~60cm로 곧추선다. 전체에 가는 털이 난다. 잎은 길이 8~15cm, 너비 4~8cm, 타원형으로 마주나며, 가장자리가 밋밋하다. 꽃은 흰색으로 줄기 끝과 위쪽 잎겨드랑이에 산형으로 달려 전체적으로 취산 꽃차례를 이룬다. 꽃자루는 길이 1~3cm이다. 화관은 5갈래로 갈라지며, 지름 2cm이다. 열매는 뿔 모양의 골돌로 털이 없다.

| 1 | 2 | 3 | 4 | 5 | 6 | 7 | 8 | 9 | 10 | 11 | 12 |
|---|---|---|---|---|---|---|---|---|---|---|---|

1996.5.10. 경상북도 울릉도

## 선갈퀴 [꼭두서니과]

*Asperula odorata* L.

줄기는 높이 25~40cm로 곧추서며, 네모진다. 잎은 길이 2.5~4.0cm, 너비 0.5~1.0cm로 6~10장이 돌려나며, 중륵과 가장자리에 위를 향한 털이 있다. 잎자루는 없다. 꽃은 흰색으로 줄기 끝에 취산 꽃차례로 달린다. 화관은 깔때기 모양, 4갈래로 갈라지고, 지름 4~5mm이다. 열매는 분과로 둥글며, 갈고리 같은 털이 많다.

1 2 3 4 5 6 7 8 9 10 11 12

- 분포/강원도, 울릉도, 북부 지방
- 생육지/높은 산 숲 속
- 출현 빈도/비교적 드묾
- 생활형/여러해살이풀
- 개화기/4월 하순~6월 하순
- 결실기/8~9월
- 참고/강원도에는 고산지대에 자라지만, 울릉도에는 섬 전체에 흔하게 자란다.

1995.5.8. 제주도

열매

- 분포/제주도, 홍도
- 생육지/숲 속
- 출현 빈도/비교적 드묾
- 생활형/늘푸른떨기나무
- 개화기/5월 초순~7월 중순
- 결실기/8~5월
- 참고/난대 지방에 자라는 남방계 식물이다. 수형, 꽃, 열매 모두 관상 가치가 높다.

## 호자나무 [꼭두서니과]

*Damnacanthus indicus* C. F. Gaertn.

줄기는 높이 0.5~1.0m로 가지가 많이 갈라진다. 가시는 길이 0.5~2.0cm로 잎과 비슷하게 길다. 잎은 길이 1.0~2.5cm, 너비 0.7~2.0cm, 넓은 난형으로 마주나고 윤기가 있으며, 가장자리가 밋밋하다. 꽃은 흰색으로 잎겨드랑이에 1~3개씩 달리며, 길이 1.5cm쯤이다. 화관은 끝이 4갈래로 갈라지고 안쪽에 털이 많다. 암술머리는 끝이 4갈래로 갈라진다. 열매는 핵과이다.

| 1 | 2 | 3 | 4 | 5 | 6 | 7 | 8 | 9 | 10 | 11 | 12 |
|---|---|---|---|---|---|---|---|---|---|---|---|

1997.6.10. 경상북도 울릉도

## 갯메꽃 [메꽃과]

*Calystegia soldanella* (L.) Roem. et Schult.

줄기는 땅 위를 기거나 다른 물체에 기어올라간다. 땅속줄기가 길게 뻗는다. 잎은 길이 2~4cm, 너비 3~5cm, 신장형으로 어긋나고 두꺼우며 윤이 난다. 잎 가장자리에 물결 모양의 톱니가 있다. 꽃은 분홍색으로 잎겨드랑이에서 나는 꽃자루에 1개씩 피며, 지름 4~5cm이다. 화관은 둔한 오각형의 나팔 모양이다. 수술은 5개, 암술은 1개이다. 열매는 삭과로 둥글다.

1 2 3 4 5 6 7 8 9 10 11 12

- 분포/전국
- 생육지/바닷가 모래땅
- 출현 빈도/흔함
- 생활형/덩굴성 여러해살이풀
- 개화기/5월 초순~6월 하순
- 결실기/7~8월
- 참고/어린순과 땅속줄기를 먹으며, 뿌리는 한약재로 쓴다.

1996.5.25. 강원도 설악산

- 분포/전라북도(장안산, 적상산) 이북
- 생육지/숲 속
- 출현 빈도/비교적 드묾
- 생활형/여러해살이풀
- 개화기/5월 초순~6월 초순
- 결실기/8~9월
- 참고/북방계 식물이다.

## 당개지치 [지치과]

*Brachybotrys paridiformis* Maxim.

줄기는 높이 40cm쯤으로 곧추선다. 잎은 길이 10~15cm, 너비 5~8cm, 긴 타원형으로 가장자리가 밋밋하고, 어긋나며, 줄기 위쪽에서는 촘촘하게 달려 5~6장이 돌려난 것처럼 보인다. 꽃은 자주색 또는 보라색으로 총상 꽃차례로 몇 개가 달린다. 화관은 5갈래로 갈래는 타원형이다. 수술은 5개로 짧다. 암술은 1개, 암술대는 길다. 열매는 소견과이다.

| 1 | 2 | 3 | 4 | 5 | 6 | 7 | 8 | 9 | 10 | 11 | 12 |
|---|---|---|---|---|---|---|---|---|---|---|---|

2000.5.21. 경상북도 주흘산

## 덩굴꽃마리 [지치과]

*Trigonotis icumae* (Maxim.) Makino

줄기는 길이 7~20cm로 옆으로 눕고, 잎겨드랑이에서 난 가지가 길게 자라 덩굴로 된다. 전체에 누운 털이 있다. 잎은 길이 3~5cm, 너비 1.5~2.5cm, 난형으로 어긋난다. 꽃은 연한 하늘색으로 총상 꽃차례로 7~10개가 달리며, 지름 1cm쯤이다. 포엽은 없다. 꽃자루는 길이 1.0~1.5cm, 비스듬히 선다. 수술은 5개, 화관통부 위쪽에 달린다. 열매는 소견과로 끝이 뾰족한 삼각형이다.

1 2 3 4 5 6 7 8 9 10 11 12

- 분포/전국
- 생육지/숲 속
- 출현 빈도/비교적 흔함
- 생활형/덩굴성 여러해살이풀
- 개화기/4월 중순~6월 초순
- 결실기/8~9월
- 참고/ '참꽃마리' 와는 달리 꽃차례에 잎이 달리지 않으며, 줄기는 땅 위에 늘어진다.

1983.5.4. 전라남도 지리산

연보라색 꽃

- 분포/전국
- 생육지/숲 속
- 출현 빈도/비교적 흔함
- 생활형/여러해살이풀
- 개화기/4월 중순~6월 초순
- 결실기/8~9월
- 참고/ '덩굴꽃마리' 와는 달리 꽃차례에 잎이 달린다.

## 참꽃마리 [지치과]

*Trigonotis radicans* (Turcz.) Steven var. *sericea* (Maxim.) H. Hara

줄기는 여러 대가 모여나고, 비스듬히 서서 높이 10~15cm로 자란 후 땅 위를 기며 더 자란다. 전체에 짧은 털이 난다. 잎은 길이 2~5cm, 너비 1.5~3.0cm, 심장형으로 가장자리가 밋밋하다. 꽃은 하늘색 또는 연보라색으로 줄기 위쪽 잎겨드랑이 또는 그 부근에 달리며, 전체가 총상 꽃차례를 이룬다. 화관은 통 모양, 5갈래로 갈라진다. 열매는 소견과이다.

1 2 3 4 5 6 7 8 9 10 11 12

자주색 꽃

1995.4.10. 제주도

## 금창초 [꿀풀과]

*Ajuga decumbens* Thunb.

줄기는 높이 5~15cm로 옆으로 뻗는다. 뿌리잎은 길이 4~6cm, 너비 1~2cm로 여러 장이 모여나며, 가장자리에 톱니가 있다. 줄기잎은 길이 1.5~3.0cm로 마주난다. 꽃은 보통 자주색으로 잎겨드랑이에서 여러 개가 돌려난다. 꽃받침은 5갈래로 털이 있다. 화관통은 위쪽은 2갈래, 아래쪽은 3갈래로 갈라진다. 수술은 4개이다. 열매는 소견과이다.

1 2 3 4 5 6 7 8 9 10 11 12

- 분포/경상남도, 울릉도, 전라남도, 전라북도, 제주도
- 생육지/마을 근처나 들판
- 출현 빈도/흔함
- 생활형/여러해살이풀
- 개화기/4월 초순~8월 하순
- 결실기/8~9월
- 참고/ '금란초' 라고도 한다.

1987.5.5. 경기도 청계산

- 분포/전국
- 생육지/저지대 양지바른 곳
- 출현 빈도/흔함
- 생활형/여러해살이풀
- 개화기/4월 초순~6월 하순
- 결실기/7~8월
- 참고/꽃이 아름답고 개화 기간이 길므로 원예 자원으로서 가치가 높다.

## 조개나물 [꿀풀과]

*Ajuga multiflora* Bunge

줄기는 높이 10~30cm로 곧추선다. 전체에 긴 흰색 털이 많다. 잎은 마주난다. 뿌리잎은 길이 17cm쯤이고 피침형이다. 줄기잎은 길이 5cm쯤이고 잎자루가 없다. 꽃은 보통 자줏빛으로 잎겨드랑이에 여러 개가 피며, 꽃자루가 없다. 화관은 긴 통 모양, 3갈래로 갈라진다. 수술은 4개, 그 중 2개가 길다. 열매는 소견과이다.

1 2 3 4 5 6 7 8 9 10 11 12

2001.5.2. 경기도 파주

## 긴병꽃풀 [꿀풀과]

*Glechoma longituba* (Nakai) Kuprian.

줄기 높이 5~20cm. 잎은 길이 1.5~2.5cm, 너비 2~3cm, 콩팥 모양으로 마주나며, 가장자리에 둥근 톱니가 있다. 잎자루는 길이 2~6cm이다. 꽃은 연한 자줏빛으로 잎겨드랑이에 1~3개씩 달린다. 화관은 입술 모양으로 길이 1.5~2.5cm, 안쪽에 짙은 자주색 반점이 있다. 윗입술은 끝이 오목하게 들어가고, 아랫입술은 3갈래, 윗입술보다 두 배쯤 길다. 열매는 분과로 타원형이다.

1 2 3 4 5 6 7 8 9 10 11 12

- 분포/전국
- 생육지/숲 가장자리
- 출현 빈도/비교적 드묾
- 생활형/여러해살이풀
- 개화기/4월 중순~5월 하순
- 결실기/7~8월
- 참고/줄기는 꽃이 진 다음 높이 50cm 이상 길게 자라 뻗는다. 잎과 줄기는 말려서 한약재로 쓴다.

1985.5.6. 충청북도 소백산

- 분포/전국
- 생육지/물가나 숲 속 습지
- 출현 빈도/비교적 흔함
- 생활형/여러해살이풀
- 개화기/4월 하순~6월 초순
- 결실기/7~8월
- 참고/보통 무리를 지어 자라며, 꽃이 아름다운 원예 자원이다.

## 광대수염

[꿀풀과]

*Lamium album* L. var. *barbatum* (Siebold et Zucc.) Franch. et Sav.

줄기는 높이 30~60cm로 네모지고, 털이 조금 있다. 잎은 길이 5~10cm, 너비 3~8cm, 난형으로 마주나고, 끝이 뾰족하다. 잎 양 면 맥 위에 털이 드문드문 있고, 가장자리에 톱니가 있다. 꽃은 흰색 또는 연한 노란색으로 잎겨드랑이에 5~6개씩 층층이 달린다. 화관의 아랫입술은 넓게 퍼지며, 옆에 부속체가 있다. 수술은 2강 웅예, 암술은 1개이다. 열매는 소견과이다.

1 2 3 4 5 6 7 8 9 10 11 12

1995.3.20. 제주도

## 광대나물 [꿀풀과]

*Lamium amplexicaule* L.

줄기는 높이 10~30cm로 밑에서 많이 갈라지며, 자줏빛이 돈다. 잎은 마주나며, 밑부분의 것은 원형으로 지름 1~2cm, 잎자루가 길다. 위쪽 잎은 잎자루가 없고 반원형, 양쪽에서 줄기를 완전히 둘러싼다. 꽃은 붉은 자주색으로 잎겨드랑이에서 여러 개가 핀다. 화관은 통이 길고 위쪽에서 갈라지며, 아랫입술은 3갈래로 갈라진다. 열매는 소견과로 난형이다.

1 2 3 4 5 6 7 8 9 10 11 12

- 분포/전국
- 생육지/밭이나 길가
- 출현 빈도/흔함
- 생활형/두해살이풀
- 개화기/3월 초순~5월 초순
- 결실기/7~8월
- 참고/보통 이른 봄에 꽃이 피지만, 남부 지방에서는 겨울철인 11~2월에도 꽃을 볼 수 있다.

1998.5.6. 전라북도 덕유산

보라색 꽃

붉은색 꽃

- 분포/전국
- 생육지/산지 그늘진 곳
- 출현 빈도/흔함
- 생활형/여러해살이풀
- 개화기/4월 하순~6월 초순
- 결실기/8~9월
- 참고/어린순을 나물로 먹을 수 있으며, 꿀이 많은 밀원 식물이다.

## 벌깨덩굴 [꿀풀과]

*Meehania urticifolia* (Miq.) Makino

줄기는 사각형이며, 꽃이 진 다음에 옆으로 길게 뻗는다. 꽃줄기는 높이 15~30cm, 잎이 5쌍쯤 마주난다. 잎은 길이 2~5cm, 너비 2.0~3.5cm, 심장형으로 가장자리에 톱니가 있다. 꽃은 보라색 또는 드물게 흰색으로 꽃줄기 위쪽 잎겨드랑이에서 한쪽을 향해 핀다. 꽃받침은 끝이 5갈래로 갈라진다. 수술은 4개 중 2개가 길다. 열매는 소견과이다.

1 2 3 4 5 6 7 8 9 10 11 12

1997.5.20. 제주도

## 배암차즈기 [꿀풀과]

*Salvia plebeia* R. Br.

줄기는 높이 30~70cm로 네모지고, 밑을 향한 잔털이 있다. 줄기잎은 길이 3~6cm, 너비 1~2cm, 넓은 피침형으로 가장자리에 둔한 톱니가 있다. 꽃은 연한 자주색으로 줄기 끝과 위쪽 잎겨드랑이에 총상 꽃차례로 달린다. 화관은 작은 입술 모양으로 길이 4~5mm이다. 수술은 2개이다. 열매는 소견과로 넓은 타원형이다.

1 2 3 4 5 6 7 8 9 10 11 12

- 분포/전국
- 생육지/저지대 습지
- 출현 빈도/흔함
- 생활형/두해살이풀
- 개화기/5월 초순~7월 하순
- 결실기/8~10월
- 참고/뿌리, 줄기, 잎을 말려서 한약재로 쓴다.

1997.6.13. 경기도 축령산

- 분포/전국
- 생육지/숲 속
- 출현 빈도/비교적 흔함
- 생활형/여러해살이풀
- 개화기/5월 초순~6월 하순
- 결실기/8~9월
- 참고/전체에 털이 많아 '호골무꽃'과 구분되는데, 호골무꽃은 잎이 더욱 엷고 마디에만 털이 난다.

## 산골무꽃 [꿀풀과]

*Scutellaria pekinensis* Maxim. var. *transitra* H. Hara

줄기는 높이 25cm쯤으로 모가 나며, 털이 있다. 잎은 길이 2~4cm, 너비 1~3cm, 난형으로 마주나고, 가장자리에 톱니가 있다. 꽃은 연한 자주색으로 수상 꽃차례로 달린다. 꽃받침은 녹색이다. 화관통은 길이 1.5~2.0cm, 아랫입술은 얕게 갈라진다. 수술은 4개, 암술대는 끝이 2갈래로 갈라진다. 열매는 4개로 된 소견과로 꽃받침 속에 들어 있다.

1 2 3 4 5 6 7 8 9 10 11 12

2000.4.23. 강원도 광덕산

## 노랑미치광이풀 [가지과]

*Scopolia lutescens* Y. N. Lee

줄기는 높이 50cm쯤으로 위쪽에서 가지를 치기도 한다. 잎은 길이 14cm, 너비 6cm쯤, 난형으로 어긋난다. 꽃은 노란색으로 잎겨드랑이에서 나는 꽃자루에 1개씩 달린다. 화관은 종 모양으로 길이 2cm, 지름 1.5cm쯤이다. 꽃받침은 5갈래, 그 중 하나가 잎 모양으로 자란다. 수술은 5개, 수술대 아래쪽에 털이 나고 꽃밥은 노란색이다.

1 2 3 4 5 6 7 8 9 10 11 12

- 분포/강원도 광덕산
- 생육지/숲 속
- 출현 빈도/매우 드묾
- 생활형/여러해살이풀
- 개화기/4월 초순~5월 초순
- 결실기/9~10월
- 참고/한국 특산 식물이다. '미치광이풀'과 비슷하지만 꽃 색깔이 다르며, 잎 색깔도 더욱 연하다.

1995.5.6. 충청북도 소백산

개화 초기

- 분포/제주도를 제외한 전국
- 생육지/숲 속
- 출현 빈도/비교적 드묾
- 생활형/여러해살이풀
- 개화기/4월 초순~5월 초순
- 결실기/9~10월
- 참고/한국 특산 식물이다. 독성이 강한 뿌리줄기를 한약재로 쓴다.

## 미치광이풀 [가지과]

*Scopolia parviflora* (Dunn) Nakai

줄기는 높이 30~60cm로 곧추서며, 가지가 조금 갈라진다. 뿌리줄기는 굵고 옆으로 자란다. 잎은 길이 10~20cm, 너비 3~7cm, 난형으로 어긋나며, 가장자리가 밋밋하다. 꽃은 검은빛이 도는 자주색으로 잎겨드랑이에서 나는 꽃자루에 1개씩 달린다. 화관은 종 모양, 가장자리가 5갈래로 얕게 갈라진다. 수술은 5개이다. 열매는 삭과로 둥글다.

1 2 3 4 5 6 7 8 9 10 11 12

1996.6.7. 강원도 설악산

## 만주송이풀 [현삼과]

*Pedicularis manshurica* Maxim.

줄기는 높이 30cm쯤으로 곧추서며, 능선을 따라 털이 있다. 잎은 길이 20~30cm, 1회 깃꼴겹잎, 갈래는 피침형이며 다시 깃 모양으로 갈라진다. 뿌리잎은 여러 장이 모여난다. 줄기잎은 잎자루가 없다. 꽃은 흰빛이 도는 연한 노란색으로 잎겨드랑이에 1개씩 달린다. 화관은 입술 모양, 위쪽 갈래는 투구 모양으로 길이 2.5cm쯤이다. 열매는 삭과로 긴 난형이다.

1 2 3 4 5 6 7 8 9 10 11 12

- 분포/설악산, 북부 지방
- 생육지/높은 산 능선
- 출현 빈도/매우 드묾
- 생활형/여러해살이풀
- 개화기/5월 하순~7월 초순
- 결실기/8~10월
- 참고/남한에서는 설악산 이북에만 분포하는 북방계 식물이다. 운악산에서도 자란다는 보고가 있으나 잘못된 것으로 생각된다.

1999.5.1. 경상북도 울릉도

열매

- 분포/울릉도
- 생육지/숲 속
- 출현 빈도/비교적 드묾
- 생활형/여러해살이 기생식물
- 개화기/4월 하순~5월 하순
- 결실기/7~8월
- 참고/울릉도에만 자라며, 세계적으로는 일본에 분포한다. 씨방의 특징이 며느리밥풀속(*Melampyrum*)과 비슷하므로 현삼과로 분류하기도 한다.

## 개종용 [열당과]

*Lathraea japonica* Miq.

엽록소가 없으므로 전체가 흰색을 띠며, 너도밤나무 등에 기생한다. 줄기는 높이 10~30cm로 곧추서며, 비늘 조각이 드문드문 달려 있다. 꽃은 분홍빛이 도는 흰색으로, 줄기 끝에 여러 개가 달려 길이 5~13cm의 총상 꽃차례를 이룬다. 화관은 긴 통 모양, 끝부분은 입술 모양으로 길이 1.2~1.5cm이다. 수술은 4개이다. 열매는 삭과이다.

1 2 3 4 5 6 7 8 9 10 11 12

1985.5.15. 충청북도 월악산

열매

## 인동덩굴 [인동과]

*Lonicera japonica* Thunb. ex Murray

줄기는 길이 5m쯤으로 오른쪽으로 감겨 올라가며, 속은 비었다. 잎은 길이 3~8cm, 너비 1~3cm, 넓은 피침형 또는 난상 타원형으로 마주나고, 가장자리가 밋밋하다. 잎자루에 털이 있다. 꽃은 잎겨드랑이에 1~2개씩 달리고, 처음에는 흰색이지만 나중에 노란색으로 변한다. 수술은 5개, 암술은 1개이다. 열매는 장과로 검게 익는다.

1 2 3 4 5 6 7 8 9 10 11 12

- 분포/북부 지방을 제외한 전국
- 생육지/산과 들
- 출현 빈도/흔함
- 생활형/갈잎덩굴나무
- 개화기/5월 초순~8월 초순
- 결실기/9~10월
- 참고/꽃에 꿀이 많다. 줄기는 망태기 등을 만드는 데 쓰고, 잎과 꽃은 한약재로 쓴다.

1998.3.31. 경상북도 울릉도

열매

- 분포/울릉도
- 생육지/숲 가장자리나 숲 속
- 출현 빈도/흔함
- 생활형/갈잎떨기나무
- 개화기/3월 하순~5월 하순
- 결실기/7~8월
- 참고/한국 특산 식물이다. 울릉도에서만 자라므로 '울릉말오줌대'라고 하기도 한다. 드물게 열매가 노랗게 익는 '노랑말오줌나무'도 발견된다.

## 말오줌나무 [인동과]

*Sambucus sieboldiana* (Miq.) Blume var. *pendula* (Nakai) T. B. Lee

줄기 높이 5~6m. 잎은 마주나며, 작은잎 5~7장으로 된 깃꼴겹잎이다. 작은잎은 길이 10~15cm, 너비 5~6cm, 피침형으로 안으로 굽은 톱니가 있다. 꽃은 노란빛이 도는 녹색으로 가지 끝에 산방상 원추 꽃차례로 달린다. 꽃받침잎은 삼각형, 뒤로 젖혀진다. 열매는 장과 모양의 핵과로 붉게 익는다.

1 2 3 4 5 6 7 8 9 10 11 12

1996.5.10. 경상북도 울릉도

## 분꽃나무 [인동과]

*Viburnum carlesii* Hemsl.

줄기 높이 1~2m. 어린 가지에 별 모양의 털이 많다. 잎은 길이 3~8cm, 너비 2.5~7.0cm, 넓은 난형 또는 원형으로 마주나며, 밑은 둥글거나 얕은 심장형, 가장자리에 톱니가 있다. 잎 양 면에 별 모양의 털이 난다. 꽃은 연분홍색으로 지난 해 가지 끝에 취산 꽃차례로 달리며, 향기가 강하다. 화관은 끝이 5갈래로 갈라진다. 수술은 5개로 화관 속에 들어 있다. 열매는 핵과이다.

1 2 3 4 5 6 7 8 9 10 11 12

- 분포/제주도를 제외한 전국
- 생육지/양지바른 산기슭
- 출현 빈도/비교적 드묾
- 생활형/갈잎떨기나무
- 개화기/4월 초순~5월 하순
- 결실기/8~9월
- 참고/석회암 지대에 특히 많이 자란다. 외국에는 일본 쓰시마 섬에만 자라는 것으로 알려져 있다.

1989.6.6. 제주도 한라산

열매

- 분포/제주도, 울릉도
- 생육지/숲 속
- 출현 빈도/드묾
- 생활형/갈잎떨기나무
- 개화기/4월 하순~5월 하순
- 결실기/9~10월
- 참고/일본과 타이완에도 분포한다.

## 분단나무

[인동과]

*Viburnum furcatum* Blume

줄기 높이 5~6m. 잎은 길이 7~15cm, 너비 5~10cm, 넓은 난형으로 마주나며, 밑은 심장형, 가장자리에 둔한 톱니가 있다. 꽃은 흰색으로 햇가지 끝에 꽃대가 없는 취산꽃차례로 달린다. 꽃차례 가장자리에는 지름 2~3cm의 무성 꽃이 달리며, 잎 1쌍이 꽃차례를 받친다. 열매는 핵과로 처음에는 붉지만 완전히 익으면 검은색이다.

1 2 3 4 5 6 7 8 9 10 11 12

1995.6.13. 강원도 금대봉

## 붉은병꽃나무 [인동과]

*Weigela florida* (Bunge) A. DC.

줄기 높이 1.5~2.0m. 잎은 길이 4~10cm, 너비 2~4cm, 타원형 또는 난형으로 마주나며, 가장자리에 톱니가 있다. 잎 뒷면은 중륵 위에 털이 많다. 꽃은 붉은색으로 잎겨드랑이에 1개씩 달려 취산 꽃차례를 이룬다. 꽃받침은 중앙까지 5갈래로 갈라진다. 화관은 길이 2~4cm, 끝이 5갈래로 갈라진다. 열매는 삭과로 길이 2~4cm, 털이 없다.

1 2 3 4 5 6 7 8 9 10 11 12

- 분포/전국
- 생육지/숲 속
- 출현 빈도/비교적 흔함
- 생활형/갈잎떨기나무
- 개화기/5월 초순~6월 하순
- 결실기/9~10월
- 참고/세계적으로 일본, 중국에도 자란다.

1989.5.5. 충청북도 소백산

- 분포/제주도와 남부 지방을 제외한 평안남도 이남
- 생육지/숲 속
- 출현 빈도/비교적 흔함
- 생활형/갈잎떨기나무
- 개화기/4월 초순~5월 하순
- 결실기/9~10월
- 참고/한국 특산 식물이다.

## 병꽃나무 [인동과]

*Weigela subsessilis* (Nakai) L.H. Bailey

줄기 높이 1.5~2.0m. 어린 가지는 전체에 털이 있다. 잎은 길이 3~10cm, 너비 1.5~5.0cm, 도란형 또는 타원형으로 마주나며, 가장자리에 잔 톱니가 있다. 잎자루는 매우 짧다. 꽃은 잎겨드랑이에 2~4개씩 달리며, 노란빛이 도는 녹색에서 붉게 변한다. 꽃받침은 끝까지 완전히 5갈래로 갈라진다. 화관은 길이 2.5~4.5cm이다. 열매는 삭과로 길이 1.5~2.0cm, 털이 많다.

| 1 | 2 | 3 | 4 | 5 | 6 | 7 | 8 | 9 | 10 | 11 | 12 |
|---|---|---|---|---|---|---|---|---|---|---|---|

1995.4.10. 제주도

## 연복초 [연복초과]

*Adoxa moschatellina* (Tourn.) L.

줄기 높이 8~17cm. 뿌리잎은 잎자루가 길고 1~3회 갈라지며, 줄기잎은 3갈래로 갈라진다. 꽃은 노란빛이 조금 도는 녹색으로 5개쯤이 모여 달려 두상 꽃차례처럼 된다. 맨 끝에 위를 향해 달리는 꽃은 화관이 4갈래로 갈라지고 수술이 8개이다. 옆의 꽃들은 화관이 5갈래로 갈라지고 수술이 10개이다. 열매는 핵과로 3~5개가 달린다.

1 2 3 4 5 6 7 8 9 10 11 12

- 분포/전국
- 생육지/저지대 숲 속
- 출현 빈도/비교적 흔함
- 생활형/여러해살이풀
- 개화기/4월 초순~5월 하순
- 결실기/6~7월
- 참고/꽃이 작고 화려하지 않으므로 눈에 잘 띄지 않는다. 북반구에 자라는 몇몇 종이 연복초과를 이룬다.

1998.5.24. 강원도 함백산

- 분포/전국
- 생육지/숲 속
- 출현 빈도/흔함
- 생활형/여러해살이풀
- 개화기/4월 초순~7월 하순
- 결실기/6~9월
- 참고/어린순은 나물로 먹고, 뿌리줄기는 한약재로 쓴다.

## 쥐오줌풀 [마타리과]

*Valeriana faruriei* Briq.

줄기는 높이 40~80cm로 곧추선다. 뿌리는 향기가 강하다. 뿌리잎은 꽃이 필 때 시든다. 줄기잎은 마주나며, 아래쪽 것은 잎자루가 긴 깃꼴겹잎으로 갈래는 난형 또는 선상 피침형이며, 가장자리에 둔한 톱니가 드문드문 있다. 꽃은 연분홍색 또는 흰색으로 산방상으로 많이 달린다. 화관은 5갈래로 갈라진다. 열매는 수과이다.

1 2 3 4 5 6 7 8 9 10 11 12

1995.4.10. 제주도

## 떡쑥 [국화과]

*Gnaphalium affine* D. Don

줄기는 높이 15~40cm로 곧추서며, 밑에서 갈라진다. 전체에 흰 털이 많다. 줄기잎은 길이 2~6cm, 너비 0.4~1.2cm로 어긋나며, 주걱 모양 또는 피침형, 가장자리는 밋밋하다. 꽃은 녹색이 도는 노란색 또는 흰색으로 산방 꽃차례로 달린다. 두상화 중심에 양성 꽃이 피고 주변에 암꽃이 핀다. 총포 조각은 3줄로 배열한다. 열매는 수과이다.

1 2 3 4 5 6 7 8 9 10 11 12

- 분포/전국
- 생육지/풀밭
- 출현 빈도/흔함
- 생활형/두해살이풀
- 개화기/4월 초순~7월 초순
- 결실기/6~9월
- 참고/어린순은 나물로 먹고, 잎과 줄기는 말려서 한약재로 쓴다.

1989.4.10. 서울 북한산

- 분포/전국
- 생육지/양지바른 산이나 들
- 출현 빈도/흔함
- 생활형/여러해살이풀
- 개화기/3월 하순~9월 하순
- 결실기/7~11월
- 참고/가을에 꽃이 피는 개체는 잎이 더욱 크고 높이가 60cm에 이른다.

## 솜나물 [국화과]

*Leibnitzia anandria* (L.) Nakai

꽃줄기는 높이 10~20cm로 곧추서고, 털로 덮인다. 뿌리잎은 길이 5~15cm, 너비 1.5~4.5cm, 넓은 피침형으로 거미줄 같은 털에 싸인다. 꽃은 흰색으로 두상화 1개가 달린다. 총포는 통 모양으로 조각은 넓은 선형, 3줄로 배열한다. 설상화는 가장자리에 1줄로 배열하며, 화관의 끝이 2갈래로 갈라진다. 열매는 수과로 방추형이다.

| 1 | 2 | 3 | 4 | 5 | 6 | 7 | 8 | 9 | 10 | 11 | 12 |
|---|---|---|---|---|---|---|---|---|---|---|---|

1996.4.8. 강원도 설악산

## 머위 [국화과]

*Petasites japonicus* (Siebold et Zucc.) Maxim.

꽃줄기는 높이 5~50cm로 곧추서며, 잎 모양이 크고 긴 포가 어긋나게 달린다. 잎은 땅속줄기에서 나고, 신장상 원형, 가장자리에 불규칙한 톱니가 있다. 꽃은 암수 딴포기, 많은 두상화가 산방 꽃차례로 달린다. 총포는 길이 6mm, 2줄로 배열된다. 암꽃은 흰색, 수꽃은 연한 흰색이다. 수포기의 양성 꽃은 모두 열매를 맺지 않고, 암포기의 암꽃은 열매를 맺는다. 열매는 수과로 원통형이다.

1 2 3 4 5 6 7 8 9 10 11 12

- 분포/전국
- 생육지/숲 가장자리나 숲 속 습지
- 출현 빈도/흔함
- 생활형/여러해살이풀
- 개화기/3월 초순~4월 하순
- 결실기/5~7월
- 참고/잎자루는 삶아서 껍질을 벗긴 다음 양념을 하여 먹는다.

1995.5.8. 제주도

- 분포/전국
- 생육지/산과 들
- 출현 빈도/비교적 흔함
- 생활형/여러해살이풀
- 개화기/4월 초순~5월 하순
- 결실기/6~7월
- 참고/어린순은 나물로 먹고 줄기와 잎은 한약재로 쓴다.

## 솜방망이

[국화과]

*Senecio integrifolius* (L.) Clairv. var. *spathulatus* (Miq.) H. Hara

줄기는 높이 20~65cm로 곧추선다. 전체에 솜털이 많다. 뿌리잎은 길이 5~10cm, 너비 1.5~2.5cm, 타원형으로 여러 장이 모여 난다. 줄기잎은 위로 갈수록 작아진다. 꽃은 노란색으로 두상화 3~9개가 산방 꽃차례로 달린다. 두상화는 지름 3~4cm, 가장자리에 설상화가 있다. 열매는 수과로 원통형이다.

1 2 3 4 5 6 7 8 9 10 11 12

1998.4.19. 경상북도 주흘산

## 흰민들레 [국화과]

*Taraxacum coreanum* Nakai

줄기는 없다. 잎은 길이 7~25cm, 너비 1.5~6.0cm, 피침형으로 가장자리는 5~6쌍의 갈래로 깊게 갈라지고 톱니가 있으며, 뿌리에서 모여난다. 잎 양 면에 털이 있다. 꽃은 흰색으로 꽃줄기 끝에 두상화가 1개씩 달린다. 총포의 바깥 조각은 위쪽이 뒤로 젖혀지며, 뿔 같은 돌기가 있다. 열매는 수과로 긴 타원형의 난상이며 갈색이다.

1 2 3 4 5 6 7 8 9 10 11 12

- 분포/전국
- 생육지/산과 들의 양지바른 곳
- 출현 빈도/비교적 흔함
- 생활형/여러해살이풀
- 개화기/3월 하순~5월 하순
- 결실기/5~6월
- 참고/어린순은 나물로 먹으며, 전초는 한약재로 쓴다.

2002.5.19. 제주도 한라산

- 분포/제주도
- 생육지/고지대의 양지바른 풀밭
- 출현 빈도/비교적 드묾
- 생활형/여러해살이풀
- 개화기/5월 초순~6월 하순
- 결실기/7~8월
- 참고/한라산에 자라는 한국 특산 식물이다. 우리 나라에 자라는 민들레 가운데서 가장 작다.

## 좀민들레 [국화과]

*Taraxacum hallaisanense* Nakai

뿌리줄기가 땅 속 깊이 들어간다. 잎은 길이 5~15cm, 너비 1~2cm, 긴 타원형으로 가장자리가 4~6쌍의 갈래로 갈라지며, 아래쪽이 좁아져 잎자루처럼 된다. 꽃줄기는 높이 15cm쯤이다. 꽃은 연한 노란색으로 두상 꽃차례로 피며, 두상화는 설상화로만 이루어진다. 총포의 안쪽 조각은 선상 피침형으로 바깥 조각보다 2배쯤 길다. 열매는 수과이다.

| 1 | 2 | 3 | 4 | 5 | 6 | 7 | 8 | 9 | 10 | 11 | 12 |
|---|---|---|---|---|---|---|---|---|---|---|---|

1996.5.10. 경상북도 울릉도

## 민들레 [국화과]

*Taraxacum mongolicum* Hand.-Mazz.

잎은 길이 20~30cm, 너비 2.5~5.0cm로 뿌리에서 나와 옆으로 퍼지며, 깊게 갈라지고, 가장자리에 톱니가 있다. 꽃은 노란색으로 꽃줄기 끝에 두상화가 1개 핀다. 총포의 바깥 조각은 좁은 난형이고 안쪽 조각은 선상 피침형으로, 바깥 조각은 안쪽 조각에서 떨어져 조금 벌어진다. 열매는 수과로 긴 타원형이며 갈색이다.

1 2 3 4 5 6 7 8 9 10 11 12

- 분포/전국
- 생육지/산과 들의 양지바른 곳
- 출현 빈도/흔함
- 생활형/여러해살이풀
- 개화기/3월 하순~5월 하순
- 결실기/5~6월
- 참고/도시에서는 유럽 원산의 '서양민들레 *T. officinale* Weber'에 밀려 찾아보기가 어렵다.

1988.5.24. 제주도 한라산

- 분포/전국
- 생육지/높은 산 숲 속
- 출현 빈도/비교적 드묾
- 생활형/여러해살이풀
- 개화기/5월 하순~7월 초순
- 결실기/8~10월
- 참고/잎, 꽃, 열매 모두가 아름다운 식물이다. 어린순은 나물로 먹고 전체는 한약재로 쓴다.

## 나도옥잠화 [백합과]

*Clintonia udensis* Trautv. et C.A. Mey.

땅속줄기는 짧고 수염뿌리가 있다. 잎은 뿌리에서 2~5장이 모여나며, 끝이 뾰족하고 가장자리가 밋밋하다. 꽃줄기는 높이 20~70cm로 드물게 가지가 갈라진다. 꽃은 흰색으로 총상 꽃차례를 이룬다. 화피는 6장, 긴 타원형이다. 수술은 6개, 암술은 1개이다. 열매는 장과로 둥글며 진한 남색으로 익는다.

1 2 3 4 5 6 7 8 9 10 11 12

1996.6.8. 강원도 설악산

## 은방울꽃 [백합과]

*Convallaria majalis* L.

땅속줄기는 옆으로 뻗는다. 잎은 길이 12~18cm, 너비 3~7cm, 긴 타원형 또는 넓은 타원형으로 끝이 뾰족하며, 2~3장이 아래쪽에서 난다. 꽃은 흰색, 종 모양으로 꽃줄기 위쪽에 10여 개가 총상 꽃차례를 이루어 밑을 향해 달린다. 화관은 끝이 6갈래로 갈라지고, 조금 뒤로 말린다. 수술은 6개이다. 열매는 장과로 둥글며 붉게 익는다.

1 2 3 4 5 6 7 8 9 10 11 12

- 분포/제주도를 제외한 전국
- 생육지/숲 속
- 출현 빈도/비교적 흔함
- 생활형/여러해살이풀
- 개화기/4월 하순~6월 초순
- 결실기/8~9월
- 참고/보통 무리를 지어 자라며, 독성이 강한 식물이다.

1996.5.10. 경상북도 울릉도

열매

- 분포/제주도, 울릉도
- 생육지/숲 속
- 출현 빈도/드묾
- 생활형/여러해살이풀
- 개화기/5월 초순~6월 초순
- 결실기/8~9월
- 참고/울릉도에서는 비교적 흔하게 무리를 지어 자란다.

## 윤판나물아재비 [백합과]

*Disporum sessile* D. Don ex Schult

줄기는 높이 30~60cm로 곧추서고, 위쪽에서 가지를 친다. 잎은 길이 5~15cm, 너비 1.5~4.0cm로 타원형이다. 꽃은 가지 끝에 1~3개가 밑으로 처져 달리며, 길이 2~3cm, 노란빛이 도는 흰색이지만 끝부분은 녹색을 띤다. 꽃자루는 길이 1.5~3.0cm. 화피 안쪽과 아래쪽 가장자리에 털이 있다. 암술대는 길이 15mm쯤으로 3갈래로 갈라진다. 열매는 장과이다.

1 2 3 4 5 6 7 8 9 10 11 12

1997.4.24. 전라남도 백암산

열매

## 윤판나물 [백합과]

*Disporum uniflorum* Baker ex S. Moore

줄기는 높이 30~50cm로 곧추서며, 위쪽에서 가지를 친다. 잎은 길이 5~18cm, 너비 3~6cm, 긴 난형 또는 긴 타원형으로 어긋나며, 잎자루는 거의 없다. 꽃은 노란색으로 가지 끝에 2~3개가 밑을 향해 달린다. 화피는 6장으로 통 모양이다. 수술은 6개, 암술은 1개이다. 열매는 장과로 지름 1cm쯤이며 검게 익는다.

1 2 3 4 5 6 7 8 9 10 11 12

- 분포/제주도와 울릉도를 제외한 전국
- 생육지/숲 속 습지
- 출현 빈도/비교적 흔함
- 생활형/여러해살이풀
- 개화기/4월 초순~5월 하순
- 결실기/8~9월
- 참고/ '윤판나물아재비'에 비해 꽃이 노란색이며, 더욱 널리 분포한다.

1993.5.18. 강원도 설악산

흰색 꽃

- 분포/제주도를 제외한 전국
- 생육지/고지대 숲 속
- 출현 빈도/비교적 흔함
- 생활형/여러해살이풀
- 개화기/4월 초순~5월 하순
- 결실기/5~6월
- 참고/잎을 묵으로 만들어 먹기 때문에 자생지 훼손이 심하다.

## 얼레지 [백합과]

*Erythronium japonicum* Decne.

뿌리줄기는 길이 20cm 이상이며, 그 밑에 난형 비늘줄기가 달린다. 잎은 길이 6~12cm, 너비 2.5~5.0cm, 긴 타원형 또는 좁은 난형으로 꽃줄기 밑에 보통 2장이 달린다. 꽃은 붉은 보라색, 드물게 흰색으로 꽃줄기 끝에 밑을 향해 1개씩 핀다. 화피는 6장, 길이 5~6cm로 끝이 뒤로 말리며, 안쪽 밑부분에 자주색 무늬가 W자 모양으로 있다. 열매는 삭과이다.

1 2 3 4 5 6 7 8 9 10 11 12

1995.5.26. 백두산

## 패모 [백합과]

*Fritillaria ussuriensis* Maxim.

줄기는 높이 40~80cm로 곧추서고, 아래쪽은 보라색이다. 잎은 길이 8~13cm, 너비 0.5cm쯤으로 아래쪽에서는 3~4장씩 돌려나고, 위쪽에서는 마주나거나 어긋난다. 위쪽 잎은 끝이 덩굴손으로 된다. 꽃은 자주색으로 줄기 끝 잎겨드랑이에서 1~2개가 아래를 향해 핀다. 화피는 6장, 수술은 6개, 암술대는 3개로 갈라진다. 열매는 삭과이다.

1 2 3 4 5 6 7 8 9 10 11 12

- 분포/북부 지방
- 생육지/숲 속
- 출현 빈도/드묾
- 생활형/여러해살이풀
- 개화기/5월 초순~5월 하순
- 결실기/7~8월
- 참고/꽃이 아름다운 식물이며, 비늘줄기는 한약재로 쓴다.

1995.3.20. 제주도

- 분포/전국
- 생육지/숲 속
- 출현 빈도/비교적 흔함
- 생활형/여러해살이풀
- 개화기/3월 하순~5월 중순
- 결실기/6~7월
- 참고/ '애기중의무릇 *G. terracciancoana* Pascher' 은 북부 지방에 자란다.

## 중의무릇 [백합과]

*Gagea nakaiana* Kitag.

줄기 높이 15~20cm. 비늘줄기는 난형, 지름 0.5~1.0cm, 밑에 작은 비늘줄기가 달리지 않는다. 잎은 길이 2~22cm, 너비 0.3~2.0cm, 선형으로 뿌리에서 1장씩 난다. 꽃은 노란색으로 줄기 끝 포엽 사이에서 3~5개가 산형 꽃차례로 달린다. 화피는 6장, 좁은 피침형, 길이 9~12mm, 바깥쪽은 연둣빛이다. 수술은 6개로 화피 아래쪽에 붙는다. 열매는 삭과이다.

1 2 3 4 5 6 7 8 9 10 11 12

1986.4.10. 서울 북한산

연붉은색 꽃

## 처녀치마 [백합과]

*Heloniopsis orientalis* (Thunb.) Tanaka

땅속줄기는 짧고 수염뿌리가 많다. 잎은 길이 5~18cm, 너비 1~4cm, 긴 타원형으로 끝이 뾰족하고 털이 없으며, 뿌리에서 10여 장이 모여나 방석처럼 퍼진다. 꽃줄기는 곧추서며, 꽃이 필 때에는 높이 10~17cm이다. 꽃은 총상 꽃차례로 10여 개가 달리며, 처음에는 연붉은색이나 차츰 진보라색으로 변한다. 수술은 6개, 암술대는 수술보다 길다. 열매는 삭과이다.

1 2 3 4 5 6 7 8 9 10 11 12

- 분포/전국
- 생육지/높은 산 계곡 주변이나 능선
- 출현 빈도/비교적 흔함
- 생활형/여러해살이풀
- 개화기/4월 초순~5월 초순
- 결실기/5~6월
- 참고/꽃이 진 다음 꽃줄기가 더욱 자라, 열매가 익을 때면 높이는 50~60cm에 이른다.

1986.6.6. 강원도 태백산

- 분포/전국
- 생육지/고산 지대 숲 속
- 출현 빈도/비교적 드묾
- 생활형/여러해살이풀
- 개화기/5월 하순~6월 하순
- 결실기/9~10월
- 참고/잎 뒷면과 가장자리, 꽃차례에 털 같은 짧은 돌기가 있어 '큰두루미꽃'과 구분된다. 두루미가 춤을 추는 모습과 닮았다 하여 우리말 이름이 붙여졌다.

## 두루미꽃 [백합과]

*Maianthemum bifolium* (L.) F.W. Schmidt

줄기는 높이 8~15cm로 곧추선다. 잎은 길이 2~5cm, 너비 1.5~4.0cm, 심장형으로 끝이 뾰족하고, 어긋나며, 줄기 가운데 부분에 2~3장이 달린다. 꽃은 흰색으로 작고, 20여 개가 총상 꽃차례로 달린다. 화피는 4장, 위쪽이 뒤로 말린다. 수술은 4개, 암술머리는 얕게 2갈래로 갈라진다. 열매는 장과로 둥글며 붉게 익는다.

1 2 3 4 5 6 7 8 9 10 11 12

1996.5.10. 경상북도 울릉도

열매

## 큰두루미꽃 [백합과]

*Maianthemum dilatatum* (Wood) A. Nelson et J. F. Macbr.

줄기는 높이 15~30cm로 곧추서며, 털이 없다. 잎은 길이 3~10cm, 너비 2.5~8.0cm, 심장형으로 가장자리에 반원형 돌기가 있고, 어긋나며, 줄기에 2~3장이 달린다. 꽃은 흰색으로 10여 개가 총상 꽃차례를 이룬다. 화피는 4장, 뒤로 젖혀진다. 수술은 4개로 화피보다 짧고, 암술머리는 얕게 3갈래로 갈라진다. 열매는 장과로 둥글며 붉게 익는다.

1 2 3 4 5 6 7 8 9 10 11 12

- 분포/울릉도, 북부 지방
- 생육지/숲 속
- 출현 빈도/비교적 드묾
- 생활형/여러해살이풀
- 개화기/5월 초순~5월 하순
- 결실기/9~10월
- 참고/울릉도에서는 흔하게 무리를 지어 자란다.

1996.5.10. 경상북도 울릉도

큰두루미꽃 군락지

1985.6.1. 제주도 한라산

## 삿갓나물 [백합과]

*Paris verticillata* M. Bieb.

줄기 높이 20~40cm. 잎은 길이 7~12cm, 너비 1~4cm, 피침형으로 줄기 끝에 6~8장이 돌려난다. 꽃은 잎 가운데에서 나는 꽃줄기 끝에 1개씩 달린다. 외화피는 4장, 꽃잎처럼 보이며, 길이 2~4cm, 너비 0.5~1.5cm, 녹색이다. 내화피는 4장, 노란색, 실처럼 가늘다. 수술은 보통 8개, 암술대는 4개이다. 열매는 장과로 둥글며 검붉게 익는다.

1 2 3 4 5 6 7 8 9 10 11 12

- 분포/전국
- 생육지/숲 속
- 출현 빈도/흔함
- 생활형/여러해살이풀
- 개화기/4월 하순~6월 초순
- 결실기/6~8월
- 참고/줄기 끝에 잎이 달린 모양이 삿갓(우산)을 닮아서 우리말 이름이 붙여졌다. 뿌리에 독성이 있다.

1991.5.12. 강원도 영월

- 분포/전국
- 생육지/숲 속
- 출현 빈도/비교적 흔함
- 생활형/여러해살이풀
- 개화기/5월 초순~7월 초순
- 결실기/9~10월
- 참고/키가 작고 줄기가 곧추서는 특징이 있으므로 다른 둥굴레 종류들과 구분된다.

## 각시둥굴레 [백합과]

*Polygonatum humile* Fisch. ex Maxim.

줄기는 높이 15~30cm로 곧추서며, 겉에 능선이 있다. 잎은 길이 4~7cm, 너비 1.5~3.0cm, 긴 타원형으로 가장자리와 뒷면 맥 위에 돌기 같은 털이 있고, 어긋나며, 2줄로 배열된다. 꽃은 연둣빛을 띤 흰색으로 종 모양, 길이 1.5~1.8cm이다. 화관은 끝이 6갈래로 갈라진다. 수술은 6개이다. 열매는 장과로 둥글며 검게 익는다.

1 2 3 4 5 6 7 8 9 10 11 12

1995.5.31. 강원도 가리왕산

## 둥굴레 [백합과]

*Polygonatum odoratum* (Mill.) Druce var. *pluriflorum* (Miq.) Ohwi

줄기 높이 30~60cm. 잎은 길이 5~10cm, 너비 2~5cm, 긴 타원형으로 어긋나고, 한쪽으로 치우쳐 퍼지며, 잎자루가 없거나 매우 짧다. 꽃은 줄기 위쪽 잎겨드랑이에서 나는, 1~2갈래로 갈라진 꽃자루 끝에서 아래를 향해 피며, 흰색이지만 끝은 연한 녹색이다. 화관은 종 모양이며, 끝이 6갈래로 갈라진다. 수술은 6개이다. 열매는 장과로 둥글며 검게 익는다.

1 2 3 4 5 6 7 8 9 10 11 12

- 분포/전국
- 생육지/산과 들, 숲 속
- 출현 빈도/흔함
- 생활형/여러해살이풀
- 개화기/4월 하순~6월 초순
- 결실기/9~10월
- 참고/뿌리줄기를 둥굴레차의 원료로 쓰기 시작하면서 수난을 당하고 있다.

1995.5.31. 강원도 가리왕산

열매

## 풀솜대(지장보살) [백합과]

*Smilacina japonica* A. Gray

- 분포/전국
- 생육지/숲 속
- 출현 빈도/비교적 흔함
- 생활형/여러해살이풀
- 개화기/4월 하순~6월 초순
- 결실기/9~10월
- 참고/어린잎과 줄기는 나물로 먹는다.

줄기는 높이 20~40cm로 곧추서거나 비스듬하게 기울어진다. 잎은 길이 6~15cm, 너비 3~5cm, 긴 타원형으로 끝이 뾰족하고, 5~7장이 어긋나며, 2줄로 배열된다. 꽃은 흰색으로 작고, 줄기 끝에 발달하는 겹총상 꽃차례로 달린다. 화피는 6장, 수술은 6개, 암술은 1개이다. 열매는 장과로 둥글며 붉게 익는다.

1 2 3 4 5 6 7 8 9 10 11 12

1997.6.1. 강원도 태백산

## 선밀나물 [백합과]

*Smilax nipponica* Miq.

줄기는 높이 30~100cm로 곧추서고, 가지가 갈라지지 않는다. 잎은 길이 5~15cm, 너비 3~7cm, 난상 타원형 또는 넓은 타원형으로 가장자리가 밋밋하며, 어긋난다. 턱잎이 덩굴손으로 변하기도 한다. 꽃은 녹색으로 암수 딴포기, 잎겨드랑이에서 산형 꽃차례를 이루어 핀다. 수꽃 화피는 수평으로 퍼지며, 길이 4mm쯤이다. 열매는 장과로 둥글며 검게 익는다.

1 2 3 4 5 6 7 8 9 10 11 12

- 분포/전국
- 생육지/산과 들
- 출현 빈도/흔함
- 생활형/여러해살이풀
- 개화기/5월 초순~6월 하순
- 결실기/9~10월
- 참고/턱잎이 덩굴손으로 되는지의 여부에 따라 변종으로 나누기도 하지만, 우리 나라에는 두 형태가 모두 자란다.

1996.5.10. 강원도 설악산

열매

## 금강애기나리 [백합과]

*Streptopus ovalis* (Ohwi) F. T. Wang et Y. C. Tang

- 분포/전국
- 생육지/고산 지대 숲 속
- 출현 빈도/드묾
- 생활형/여러해살이풀
- 개화기/5월 초순～6월 초순
- 결실기/9～10월
- 참고/중국 둥베이(東北) 지방과 우리 나라에만 분포하는 식물이다. '진부애기나리' 라고도 한다.

줄기 높이 10～30cm. 잎은 길이 5～6cm, 너비 2.0～3.5cm, 난형 또는 긴 타원형으로 가장자리에 돌기가 있고, 어긋나며, 아래쪽이 줄기를 감싼다. 꽃은 흰빛이 도는 연한 노란색으로 줄기 끝 잎겨드랑이에서 1～2개씩 핀다. 화피는 6장, 뒤로 젖혀지고, 보통 자주색 반점이 있다. 수술은 6개로 화피보다 짧다. 열매는 장과로 붉게 익는다.

1 2 3 4 5 6 7 8 9 10 11 12

1996.6.9. 강원도 설악산

## 연령초 [백합과]

*Trillium kamtschaticum* Pall. ex Pursh

줄기 높이 20~40cm. 잎은 길이와 너비가 각각 7~15cm, 넓은 난형으로 끝이 뾰족하며, 3장이 줄기 끝에 돌려난다. 꽃은 흰색으로, 돌려난 잎 가운데에서 나는 1개의 꽃자루 끝에 1개씩 핀다. 꽃받침잎은 3장, 녹색이다. 꽃잎은 3장, 난형, 길이 2.5~4.5cm로 끝이 둔하다. 꽃밥은 수술대보다 2배쯤 길며, 길이 1.0~1.5cm이다. 열매는 장과로 둥글며 검붉게 익는다.

1 2 3 4 5 6 7 8 9 10 11 12

- 분포/중부 지방 이북
- 생육지/고산 지대 숲 속
- 출현 빈도/드묾
- 생활형/여러해살이풀
- 개화기/5월 초순~6월 하순
- 결실기/9~10월
- 참고/우리말 이름은 일본산 연령초속 식물의 이름인 '延齡草'에서 유래하였다. 뿌리줄기는 한약재로 쓴다.

1996.5.10. 경상북도 울릉도

- 분포/울릉도, 북부 지방
- 생육지/고산 지대 숲 속
- 출현 빈도/매우 드묾
- 생활형/여러해살이풀
- 개화기/4월 초순~5월 하순
- 결실기/9~10월
- 참고/울릉도에서 드물게 꽃잎이 연한 자주색 개체도 발견된다.

## 큰연령초 [백합과]

*Trillium tschonoskii* Maxim.

줄기 높이 30cm. 잎은 길이와 너비가 각각 7~17cm, 줄기 위쪽에 3장이 돌려난다. 꽃은 흰색으로 돌려난 잎 가운데에서 나는 꽃자루에 1개씩 핀다. 꽃받침잎은 3장, 길이 2.0~2.5cm, 녹색이다. 꽃잎은 3장, 난형이다. 꽃밥과 수술대는 0.3~0.8cm로 길이가 비슷하다. 씨방은 보통 자주색이다. 열매는 장과로 검붉게 익는다.

| 1 | 2 | 3 | 4 | 5 | 6 | 7 | 8 | 9 | 10 | 11 | 12 |
|---|---|---|---|---|---|---|---|---|---|---|---|

2003.4.2. 전라북도 변산 반도

## 산자고 [백합과]

*Tulipa edulis* (Miq.) Baker

줄기 높이 15~30cm. 잎은 길이 15~25cm, 너비 0.5~1.0cm로 줄기 아래쪽에 2장이 달리며, 흰빛이 도는 녹색이다. 꽃은 줄기 끝에 1개씩 위를 향해 피며, 넓은 종 모양으로 길이 2.0~2.5cm이다. 화피는 6장, 끝이 뾰족한 피침형으로 흰색이며, 겉에 짙은 자주색 줄이 있다. 수술은 6개, 암술은 1개이다. 열매는 삭과로 세모진다.

1 2 3 4 5 6 7 8 9 10 11 12

- 분포/중부 지방 이남
- 생육지/저지대 양지바른 곳
- 출현 빈도/비교적 흔함
- 생활형/여러해살이풀
- 개화기/4월 초순~5월 초순
- 결실기/8~9월
- 참고/꽃이 아름다운 식물이다. 비늘줄기는 한약재로 쓴다.

2003.4.24. 전라남도 백암산

◈ 분포/전라남도(백암산), 전라북도(변산 반도, 내장산)
◈ 생육지/숲 속
◈ 출현 빈도/매우 드묾
◈ 생활형/여러해살이풀
◈ 개화기/4월 초순~4월 하순
◈ 결실기/6~7월
◈ 참고/한국 특산 식물이다. '금붓꽃'과는 달리 꽃이 항상 2개씩 달린다.

## 노랑붓꽃

[붓꽃과]

*Iris koreana* Nakai

줄기 높이 10~20cm. 잎은 길이 15~40cm, 너비 0.5~1.5cm로 넓은 선형이다. 꽃줄기는 높이 5~10cm로 끝부분에 포가 3장 있고, 꽃은 항상 2개씩 달린다. 포는 길이 3~7cm, 너비 0.2~0.5cm로 긴 피침형이다. 꽃은 노란색으로 지름 2.5~4.5cm이다. 열매는 삭과로 넓은 난형이다.

1 2 3 4 5 6 7 8 9 10 11 12

1987.4.25. 서울 북한산

## 금붓꽃 [붓꽃과]

*Iris minutoaurea* Makino

줄기는 높이 20cm쯤으로 여러 대가 모여 난다. 잎은 꽃이 필 때 길이 13~20cm, 너비 0.3~0.8cm이지만 뒤에 더 자란다. 꽃줄기에 3~4장 달린 잎은 짧으며 맥이 있다. 꽃은 노란색으로 1개씩 피며, 지름 2.0~3.8cm이다. 포는 2장, 선상 피침형이다. 외화피는 주걱 모양으로 옆으로 퍼지고, 내화피는 곧추선다. 열매는 삭과로 둥글다.

1 2 3 4 5 6 7 8 9 10 11 12

- 분포/제주도를 제외한 전국
- 생육지/숲 속
- 출현 빈도/비교적 드묾
- 생활형/여러해살이풀
- 개화기/4월 초순~4월 하순
- 결실기/6~7월
- 참고/중국 둥베이(東北) 지방에도 자란다. 관상 가치가 높아 자생지에서 채취되기 때문에 개체 수가 줄어들고 있다.

1982.5.14. 강원도 태백산

- 분포/강원도, 경상북도, 북부 지방
- 생육지/높은 산 능선 또는 숲 속
- 출현 빈도/드묾
- 생활형/여러해살이풀
- 개화기/4월 하순~6월 초순
- 결실기/6~8월
- 참고/중국 지린 성에도 분포한다. 꽃이 아름다운 자원 식물이지만 저지대에서는 잎이 너무 길어진다.

## 노랑무늬붓꽃 [붓꽃과]

*Iris odaesanensis* Y. N. Lee

줄기는 높이 20cm쯤으로 곧추선다. 잎은 길이 11~25cm, 너비 0.8~1.1cm로 칼 모양이며, 10~12맥이 있다. 꽃은 꽃줄기에 2개씩 피며, 지름 3.5cm쯤이다. 외화피는 흰 바탕의 안쪽에 노란 줄무늬가 있고 내화피는 희다. 수술은 3개, 꽃밥은 분홍빛을 띤 녹색이다. 암술은 끝이 3갈래로 갈라진다. 열매는 삭과로 삼각형이다.

| 1 | 2 | 3 | 4 | 5 | 6 | 7 | 8 | 9 | 10 | 11 | 12 |
|---|---|---|---|---|---|---|---|---|---|---|---|

1998.4.19. 경상북도 주흘산

## 각시붓꽃 [붓꽃과]

*Iris rossii* Baker

줄기는 높이 10~30cm로 곧추선다. 잎은 길이 30cm, 너비 0.2~1.0cm로 칼 모양, 끝이 매우 뾰족하다. 꽃은 꽃줄기 끝에 1개씩 피고, 보통 보라색이지만 드물게 흰색도 있다. 포는 2~3장으로 선형, 길이 4~6cm이다. 외화피는 3장, 중앙 무늬는 변이가 심하다. 내화피는 3장, 주걱 모양이다. 암술대는 2갈래로 깊게 갈라진다. 열매는 삭과로 둥글다.

1 2 3 4 5 6 7 8 9 10 11 12

- 분포/전국
- 생육지/숲 속
- 출현 빈도/비교적 흔함
- 생활형/여러해살이풀
- 개화기/4월 초순~5월 초순
- 결실기/6~7월
- 참고/꽃이 아름다운 관상 식물이며, 특히 꽃의 색깔 변이가 심하므로 원예 식물로서 개발 가능성이 높다.

1990.5.27. 경기도 관악산

- 분포/전국
- 생육지/숲 속이나 숲 가장자리
- 출현 빈도/비교적 흔함
- 생활형/여러해살이풀
- 개화기/5월 초순~6월 하순
- 결실기/7~8월
- 참고/꽃이 피기 전 꽃봉오리의 모양이 붓을 닮아서 우리말 이름이 붙여졌다.

## 붓꽃

[붓꽃과]

*Iris sanguinea* Donn ex Hornem.

줄기는 높이 30~60cm로 곧추선다. 잎은 길이 30~50cm, 너비 0.5~1.0cm로 창 모양, 중륵이 뚜렷하지 않으며, 줄기에 2줄로 붙는다. 꽃은 꽃줄기 끝에 2~3개씩 피고, 자주색이지만 드물게 흰색도 있다. 외화피는 넓은 도란형, 안쪽에 노란색 바탕에 자주색 줄무늬가 있다. 내화피는 길이 4cm쯤이다. 암술은 2갈래로 깊게 갈라진다. 열매는 삭과로 삼각형이다.

1 2 3 4 5 6 7 8 9 10 11 12

2001.6.20. 강원도 한국자생식물원

## 두루미천남성

[천남성과]

*Arisaema heterophyllum* Blume

줄기 높이 50cm쯤. 잎은 줄기 위쪽에서 1장이 나며, 잎자루가 길고 7~11갈래로 갈라진다. 갈래는 긴 타원형이며, 가운데 1장의 갈래는 특히 작다. 꽃은 육수 꽃차례로 핀다. 불염포는 녹색, 끝부분이 좁아진다. 꽃차례의 연장부는 길게 자라 불염포 밖으로 나와 곧추 선다. 열매는 장과로 빨갛게 익어 다닥다닥 붙고, 전체가 긴 타원형으로 된다.

1 2 3 4 5 6 7 8 9 10 11 12

- 분포/전국
- 생육지/숲 속
- 출현 빈도/비교적 드묾
- 생활형/여러해살이풀
- 개화기/4월 하순~5월 하순
- 결실기/9~10월
- 참고/중부 지방에서는 드물게 자라고 남부 지방에서 비교적 흔하게 볼 수 있다.

열매

1997.6.6. 강원도 광덕산

- 분포/전국
- 생육지/숲 속
- 출현 빈도/비교적 흔함
- 생활형/여러해살이풀
- 개화기/4월 하순~6월 초순
- 결실기/9~10월
- 참고/둥근 땅속줄기는 사약의 한 재료로 사용했을 만큼 독성이 강하다.

## 천남성 [천남성과]

*Arisaema serratum* (Thunb.) Schott

줄기는 높이 15~50cm로 녹색이지만 때로 자주색 반점이 있다. 잎은 줄기에 1장이 달려 5~11갈래로 갈라지며, 갈래는 난상 피침형 또는 긴 타원형이고, 가장자리에 보통 톱니가 있다. 꽃은 육수 꽃차례로 핀다. 불염포는 녹색이며, 불염포의 윗부분은 통부보다 길고 앞으로 구부러진다. 열매는 장과이다.

1 2 3 4 5 6 7 8 9 10 11 12

1996.5.10. 경상북도 울릉도

자주색 불염포

## 섬남성 [천남성과]

*Arisaema takesimense* Nakai

줄기는 높이 40cm쯤으로 겉에 붉은 보라색 반점이 있거나 없다. 잎은 줄기에 2장이 붙으며, 9~11갈래로 갈라진다. 갈래는 긴 타원형 또는 타원형, 가운데 갈래에는 작은 잎자루가 있다. 잎 앞면에 얼룩무늬가 있지만 없는 것도 있다. 꽃은 육수 꽃차례를 이룬다. 불염포는 짙은 자주색 또는 녹색, 흰색 세로줄이 있다. 꽃차례 연장부는 곤봉 모양이다.

1 2 3 4 5 6 7 8 9 10 11 12

- 분포/울릉도
- 생육지/숲 속
- 출현 빈도/비교적 드묾
- 생활형/여러해살이풀
- 개화기/4월 하순~5월 하순
- 결실기/10~11월
- 참고/한국 특산 식물이다. 울릉도에서는 비교적 흔하게 볼 수 있다.

1991.4.29. 전라남도 거문도

- 분포/남해의 섬 지방
- 생육지/숲 속
- 출현 빈도/드묾
- 생활형/여러해살이풀
- 개화기/4월 중순~5월 하순
- 결실기/9~10월
- 참고/불염포에 흰 그물무늬가 있는 천남성 종류이어서 우리말 이름이 붙여졌다.

## 무늬천남성 [천남성과]

*Arisaema thunbergii* Blume

줄기 높이 40~70cm. 잎은 1장, 9~17갈래로 갈라진다. 갈래는 작은 잎처럼 되며, 선상 피침형 또는 피침형, 가운데 갈래는 다른 갈래보다 크다. 꽃줄기는 높이 10~20cm이다. 불염포는 검은빛이 나는 보라색이다. 통부 위쪽의 불염포에 흰 그물무늬가 있다. 육수 꽃차례 연장부는 검은빛이 나는 보라색으로, 불염포 밖에서 30~50cm 길어져서 채찍처럼 된다.

| 1 | 2 | 3 | 4 | 5 | 6 | 7 | 8 | 9 | 10 | 11 | 12 |
|---|---|---|---|---|---|---|---|---|---|---|---|

1991.5.10. 제주도

## 반하 [천남성과]

*Pinellia ternata* (Thunb.) Breitenb.

잎은 1~2장이며, 작은잎 3장으로 갈라진다. 작은잎은 길이 3~12cm, 너비 1~3cm이다. 잎자루는 길이 10~20cm로 밑부분 안쪽에 육아(肉芽)가 1개 달린다. 꽃줄기는 가늘고 높이 20~40cm이다. 꽃은 노란빛이 도는 흰색으로 육수 꽃차례로 핀다. 불염포는 녹색이지만 끝이 붉은 보랏빛을 띠기도 한다. 꽃차례 연장부는 6~10cm 길어져 밖으로 나와 곧추선다. 열매는 장과이다.

1 2 3 4 5 6 7 8 9 10 11 12

- 분포/전국
- 생육지/숲 속이나 밭
- 출현 빈도/흔함
- 생활형/여러해살이풀
- 개화기/3월 하순~5월 하순
- 결실기/9~10월
- 참고/지름 1cm쯤 되는 둥근 땅속줄기는 한약재로 사용한다.

1995.5.1. 경기도 천마산

꽃

- 분포/강원도, 경기도, 경상북도
- 생육지/그늘진 숲 속
- 출현 빈도/비교적 드묾
- 생활형/여러해살이풀
- 개화기/3월 초순～4월 하순
- 결실기/7～9월
- 참고/이른 봄에 꽃이 피고 잎이 더욱 커서, 여름에 잎이 진 다음에 꽃이 피는 '애기앉은부채 *S. nipponicus* Makino'와 구분된다.

## 앉은부채 [천남성과]

*Symplocarpus renifolius* Schott ex Miq.

줄기는 없다. 잎은 길이와 너비가 각각 30～40cm로 뿌리에서 여러 장이 나고, 잎자루는 긴 넓은 심장형, 가장자리가 밋밋하다. 꽃은 이른 봄에 잎보다 먼저 피며, 육수 꽃차례를 이룬다. 불염포는 길이 10～20cm, 주머니 모양으로 붉은 갈색 반점이 있다. 꽃잎은 4장, 연한 자주색이다. 수술은 4개, 암술은 1개이다. 열매는 장과로 여름에 익지만 잘 결실하지 않는다.

1 2 3 4 5 6 7 8 9 10 11 12

2003.5.7. 전라남도 해남

## 자란 [난초과]

*Bletilla striata* (Thunb.) Rchb. fil.

잎은 길이 15~30cm, 너비 1~5cm, 긴 타원형 또는 피침형으로 세로로 주름이 지며, 5~6장이 어긋난다. 꽃줄기는 높이 30~70cm로 자줏빛을 띠기도 한다. 꽃은 붉은 보라색으로 3~7개가 총상 꽃차례로 달린다. 입술꽃잎은 쐐기 모양 난형, 가장자리가 안으로 굽고, 끝이 3갈래로 갈라진다. 암술대는 길이 2cm이다. 열매는 삭과로 길이 3cm쯤이다.

1 2 3 4 5 6 7 8 9 10 11 12

- 분포/전라남도
- 생육지/바닷가 숲 가장자리나 풀밭
- 출현 빈도/비교적 드묾
- 생활형/여러해살이풀
- 개화기/5월 초순~6월 초순
- 결실기/9~10월
- 참고/꽃이 아름답고 번식도 잘 되므로 원에 식물로서 가치가 높다. 흰 꽃이 피는 개체도 드물게 발견된다.

2003.5.3. 제주도 한라산

- 분포/경상남도, 전라남도, 전라북도, 제주도, 충청남도
- 생육지/숲 속
- 출현 빈도/비교적 드묾
- 생활형/상록성 여러해살이풀
- 개화기/4월 하순~5월 하순
- 결실기/9~10월
- 참고/새우난초속의 다른 종들과 함께 관상 식물로서 가치가 매우 높다.

## 새우난초 [난초과]

*Calanthe discolor* Lindl.

잎은 길이 15~20cm, 너비 4~6cm, 긴 타원형으로 늘푸르고, 2~3장이 달린다. 꽃줄기는 높이 30~50cm로 겉에 짧은 털이 있다. 꽃은 총상 꽃차례로 8~15개가 드문드문 피며, 화피 조각은 벌어지고 붉은빛이 도는 갈색이 많지만 녹색을 띠기도 한다. 입술꽃잎은 자줏빛이 도는 흰색, 3갈래로 깊게 갈라지고, 가운데 조각은 다시 2갈래로 갈라진다.

1 2 3 4 5 6 7 8 9 10 11 12

1994.6.6. 제주도 한라산

## 금새우난초 [난초과]

*Calanthe sieboldii* Decne.

잎은 길이 20~30cm, 너비 5~10cm, 넓은 타원형으로 늘푸르고, 주름이 많으며, 2~3장이 난다. 꽃줄기는 잎이 다 자라기 전에 나오며, 높이 40cm쯤으로 비늘잎 1~2장에 싸인다. 꽃은 밝은 노란색으로 10여 개가 총상 꽃차례로 달리며, 향기가 조금 난다. 입술꽃잎은 깊게 3갈래로 갈라지며, 가운데 조각은 끝이 조금 오목하다.

1 2 3 4 5 6 7 8 9 10 11 12

- 분포/울릉도, 전라남도, 제주도
- 생육지/숲 속
- 출현 빈도/드묾
- 생활형/여러해살이풀
- 개화기/4월 하순~6월 초순
- 결실기/9~10월
- 참고/꽃이 아름답기 때문에 무분별하게 채취되어 멸종 위기에 있다.

1985.5.7. 경상남도 거제도

- 분포/경기도 이남
- 생육지/숲 속
- 출현 빈도/비교적 흔함
- 생활형/여러해살이풀
- 개화기/4월 초순~6월 초순
- 결실기/7~8월
- 참고/중부 지방에서는 드물고 남부 지방에서는 비교적 흔하게 볼 수 있다.

## 금난초 [난초과]

*Cephalanthera falcata* (Thunb.) Blume

줄기는 높이 40~70cm로 곧추선다. 뿌리줄기는 짧고, 뿌리는 몇 개가 길게 옆으로 뻗는다. 잎은 길이 8~15cm, 너비 2~4cm, 긴 타원형으로 세로 주름이 조금 지며, 6~10장이 어긋난다. 잎 밑부분은 줄기를 감싸고 털은 없다. 꽃은 노란색으로 3~10개가 수상 꽃차례로 달리며, 활짝 벌어지지 않는다. 곁꽃잎은 꽃받침보다 조금 짧고, 입술꽃잎은 3갈래이다.

1 2 3 4 5 6 7 8 9 10 11 12

2000.4.15. 경상북도 울릉도

## 보춘화 [난초과]

*Cymbidium goeringii* (Rchb. fil.) Rchb. fil.

잎은 길이 20~30cm, 너비 0.5~1.0cm, 선형으로 가장자리에 가는 톱니가 있으며, 늘 푸르고, 밑에서 모여난다. 꽃줄기는 높이 10~25cm로 곧추서며, 연둣빛이 나는 막질 엽초에 싸인다. 꽃은 녹색으로 줄기 끝에 1개씩 옆을 향해 핀다. 입술꽃잎은 꽃받침보다 짧고 흰색에 짙은 붉은 보라색 반점이 있으며, 안쪽에 작은 돌기가 빽빽이 있다.

1 2 3 4 5 6 7 8 9 10 11 12

- 분포/중부 지방 이남
- 생육지/숲 속
- 출현 빈도/비교적 드묾
- 생활형/여러해살이풀
- 개화기/3월 초순~5월 초순
- 결실기/8~9월
- 참고/ '춘란' 이라고도 한다. 남방계 식물로서 동해안과 서해안을 따라 강원도 삼척과 황해도까지 분포하며, 내륙으로는 경상북도 문경 부근까지 올라온다.

2000.5.6. 전라북도

## 광릉요강꽃(광릉복주머니란) [난초과]

*Cypripedium japonicum* Thunb.

- 분포/강원도, 경기도, 전라북도
- 생육지/숲 속
- 출현 빈도/매우 드묾
- 생활형/여러해살이풀
- 개화기/4월 하순~5월 중순
- 결실기/9~10월
- 참고/입술꽃잎의 모양이 요강을 닮았고, 경기도 광릉에서 처음 발견되어 우리말 이름이 붙여졌다. '치마난초'라고도 하며, 멸종 위기 식물이다.

줄기 높이 20~40cm. 잎은 줄기 위쪽에 2장이 가까이 달리며, 지름 10~20cm이다. 꽃은 줄기 끝의 꽃줄기에 밑을 향해 1개씩 달리며, 지름 8cm쯤이다. 꽃줄기는 높이 15cm쯤으로 털이 많으며, 위쪽에 포가 1장 있다. 꽃받침잎과 곁꽃잎은 길이 4~5cm, 너비 1~2cm, 연한 녹색으로 아래쪽에 붉은 반점과 털이 있다. 입술꽃잎은 주머니 모양으로 흰색 바탕에 붉은 줄무늬가 있다.

| 1 | 2 | 3 | 4 | 5 | 6 | 7 | 8 | 9 | 10 | 11 | 12 |
|---|---|---|---|---|---|---|---|---|---|---|---|

1996.6.8. 강원도 설악산

## 개불알꽃(복주머니란) [난초과]

*Cypripedium macranthum* Sw.

줄기는 높이 30~50cm로 곧추서고, 털이 있다. 뿌리줄기는 짧고, 옆으로 뻗는다. 잎은 길이 8~20cm, 너비 5~8cm로 줄기에 3~5장이 어긋나며, 거친 털이 있다. 꽃은 연한 분홍색 또는 붉은 보라색이다. 아래쪽 꽃받침잎은 서로 붙어서 끝만 2갈래로 된다. 곁꽃잎 2장은 끝이 뾰족하고, 입술꽃잎은 주머니 모양이다. 열매는 삭과이다.

1 2 3 4 5 6 7 8 9 10 11 12

- 분포/제주도와 울릉도를 제외한 전국
- 생육지/그늘진 숲 속이나 숲 가장자리
- 출현 빈도/드묾
- 생활형/여러해살이풀
- 개화기/5월 초순~6월 하순
- 결실기/8~9월
- 참고/꽃이 아름답기 때문에 무분별하게 채취되어 멸종 위기를 맞고 있다.

1996.5.10. 경상북도 울릉도

- 분포/울릉도, 북부 지방
- 생육지/숲 속
- 출현 빈도/비교적 드묾
- 생활형/여러해살이풀
- 개화기/5월 초순~6월 하순
- 결실기/8~9월
- 참고/북방계 식물로서 태백산과 삼척에도 자란다고 하지만 확인되지 않았으며, 울릉도에는 비교적 흔하다.

## 주름제비란 [난초과]

*Gymnadenia camtschatica* (Cham.) Miyabe et Kudo

줄기는 높이 50~100cm로 곧추서며, 위쪽에 능선이 있다. 잎은 길이 4~15cm, 너비 3~8cm, 타원형으로 가장자리가 주름지고, 줄기에서 3~10장이 어긋나며, 밑부분이 줄기를 감싼다. 꽃은 연붉은색 또는 흰색으로 총상 꽃차례로 빽빽하게 달린다. 입술꽃잎은 꽃받침보다 길고 끝이 3개로 갈라진다.

1 2 3 4 5 6 7 8 9 10 11 12

1987.5.6. 제주도 한라산

## 나리난초 [난초과]

*Liparis makinoana* Schltr.

잎은 길이 4~12cm, 너비 3~6cm, 타원형 또는 긴 타원형으로 가장자리가 물결 모양이며, 2장이 어긋난다. 꽃줄기는 높이 10~35cm, 녹색이고 겉에 능선이 있다. 꽃은 진한 자줏빛으로 10여 개가 총상 꽃차례로 달린다. 꽃받침잎과 곁꽃잎은 선형이다. 입술꽃잎은 둥근 난형으로 길이 1.0~1.5cm, 끝이 둥글다.

1 2 3 4 5 6 7 8 9 10 11 12

- 분포/전국
- 생육지/숲 속
- 출현 빈도/비교적 드묾
- 생활형/여러해살이풀
- 개화기/5월 초순~6월 하순
- 결실기/10~11월
- 참고/입술꽃잎이 넓고, 큰 특징으로 '옥잠난초 *L. kumokiri* F. Maek.'와 구분할 수 있으며, 옥잠난초에 비해 드물다.

1996.5.25. 강원도 설악산

- 분포/전국
- 생육지/높은 산의 습지 응달
- 출현 빈도/드묾
- 생활형/여러해살이풀
- 개화기/5월 초순~6월 하순
- 결실기/9~10월
- 참고/ '오리난초' 라고도 한다.

## 나도제비란 [난초과]

*Orchis cyclochila* (Franch. et Sav.) Maxim.

줄기는 높이 10~15cm로 곧추선다. 잎은 길이 4~7cm, 너비 2~5cm, 타원형으로 아래쪽에서 1장이 나고, 밑부분이 줄기를 감싼다. 꽃은 연분홍색, 드물게 흰색으로, 수상꽃차례로 보통 2개가 달리지만 5개까지 달리기도 한다. 입술꽃잎은 넓은 난형으로 끝이 3갈래로 갈라지고, 검붉은 보라색 반점이 많다. 열매는 삭과로 타원형이다.

| 1 | 2 | 3 | 4 | 5 | 6 | 7 | 8 | 9 | 10 | 11 | 12 |
|---|---|---|---|---|---|---|---|---|---|---|---|

1996.5.24. 강원도 설악산

## 감자난초 [난초과]

*Oreorchis patens* (Lindl.) Lindl.

잎은 길이 20~40cm, 너비 0.7~3.0cm, 피침형으로 보통 1~2장이며, 겨울에도 죽지 않는다. 꽃은 노란색이 도는 갈색으로 총상꽃차례로 달린다. 꽃줄기는 높이 30~50cm이다. 입술꽃잎은 꽃받침과 같은 길이로, 흰색 바탕에 반점이 있고 3갈래로 갈라진다. 열매는 삭과로 긴 타원형이다.

1 2 3 4 5 6 7 8 9 10 11 12

- 분포/제주도를 제외한 전국
- 생육지/숲 속
- 출현 빈도/비교적 흔함
- 생활형/여러해살이풀
- 개화기/5월 초순~6월 하순
- 결실기/9~10월
- 참고/땅 속의 위구경(僞球莖)이 감자를 닮아서 우리말 이름이 붙여졌다.

# 부 록

# 식물 용어 해설

## ㄱ

**각과(角果)** 익으면 벌어지는 마른 열매의 하나. 얇은 막으로 구분되는 2개의 세포로 되어 있으며, 길이가 너비의 두 배 이하로 짧다. 십자화과의 말냉이속과 다닥냉이속 식물에서 볼 수 있다.

**거(距)** 꽃잎 또는 꽃받침이 꽃 뒤쪽으로 새의 부리처럼 길게 나온 것. 보통 안에 꿀이 들어 있다. 현호색, 제비고깔, 제비꽃 등에서 볼 수 있다. 꽃뿔이라고도 한다.

**견과(堅果)** 껍질이 단단하여 다 익어도 벌어지지 않는 열매. 참나무속, 밤나무속 식물에서 볼 수 있다.

**겹산방 꽃차례** 산방 꽃차례가 몇 개 모여서 이루어진 꽃차례. 복산방 화서(複繖房花序)라고도 한다.

**겹산형 꽃차례** 산형 꽃차례가 몇 개 모여서 이루어진 꽃차례. 복산형 화서(複繖形花序)라고도 한다.

**겹잎** 작은잎 여러 장으로 이루어진 잎. 복엽(複葉)이라고도 한다.

**겹총상 꽃차례** 총상 꽃차례가 몇 개 모여서 이루어진 꽃차례. 복총상 화서(複總狀花序)라고도 한다.

**곁꽃잎** 난초과 및 제비꽃과 식물의 꽃잎 가운데 옆으로 벌어지는 2개. 측화판(側花瓣)이라고도 한다.

**골돌(蓇葖)** 열매의 종류 가운데 하나. 심피가 융합된 봉합선이 터져서 씨앗이 나온다. 매발톱꽃, 너도바람꽃, 조팝나무 등에서 볼 수 있다.

**관모(冠毛)** 민들레, 엉겅퀴 같은 국화과 식물의 열매 끝부분에 달린 우산 모양의 털. 꽃받침이 변한 것으로 씨앗이 멀리 날아갈 수 있도록 한다.

**관상화(管狀花)** 국화과 식물의 두상화를 이루는, 관 모양으로 생긴 꽃. 설상화에 비해서 꽃잎이 길게 발달하지 않는다.

**권산 꽃차례** 꽃이 한쪽 방향으로 달리며, 끝이 나선상으로 둥그렇게 말리는 꽃차례. 컴프리 등에서 볼 수 있다. 권산 화서(卷繖花序)라고도 한다.

**귀화 식물** 사람의 활동에 의해 외국에서 들어온 후에 스스로 번식하며 사는 식물. 미국자리공, 돼지풀 등이 그 예이다.

**기는줄기** 땅 위로 뻗는 줄기. 딸기, 벋음씀바귀, 달뿌리풀 등에서 볼 수 있다. 포복경(匍匐莖)이라고도 한다.

**기생 식물** 다른 식물에 붙어 기생 생활을 하는 식물. 겨우살이처럼 엽록소가 있어서 광합성을 하는 것과 초종용, 으름난초처럼 엽록소가 없는 것이 있다.

**기판(旗瓣)** 콩과 식물의 꽃잎 가운데서 가장 크고 위쪽에 달려 있는 것. 받침꽃잎이라고도 한다.

**깃꼴겹잎** 잎자루의 연장부 좌우 양쪽에 두 쌍 이상의 작은잎이 배열하여 새의 깃털 모양을 이룬 잎. 우상복엽(羽狀複葉)이라고도 한다.

**꽃대** 독립된 하나의 꽃 또는 꽃차례의 여러 개 꽃을 달고 있는 줄기. 이 책에서는 뒤엣것의 경우에 이 용어를 주로 사용했다. 꽃차례에서 각각의 꽃은 꽃자루에 의해서 꽃대와 연결된다. 화경(花梗)이라고도 한다.

**꽃받침** 꽃잎 바깥쪽에 있는 꽃의 기관. 꽃잎, 암술, 수술과 함께 꽃의 중요 기관 가운데 하나이며, 암술과 수술을 보호하는 역할을 한다.

**꽃받침잎** 꽃받침을 이루는 조각. 꽃받침이 몇 개의 조각으로 서로 떨어져 있거나 뚜렷하게 갈려진 경우에 쓰는 용어이다. 꽃받침 조각 또는 악편(萼片)이라고도 한다.

**꽃밥** 꽃가루주머니. 수술을 이루는 기관으로, 보통은 수술대 끝에 붙어 있다. 약(葯)이라고도 한다.

**꽃잎** 꽃받침 안쪽에 있는 조각. 화관이 갈라져서 조각들이 서로 떨어져 있을 때 사용하는 용어이다. 화판(花瓣)이라고도 한다.

**꽃자루** 꽃차례에서 각각의 꽃을 받치고 있는 자루. 꽃꼭지 또는 소화경(小花梗)이라고도 한다.

**꽃줄기** 꽃을 피우기 위해 뿌리에서 바로 올라온 원줄기. 잎이 달리지 않는다. 매미꽃, 민들레, 붓꽃 등에서 볼 수 있다.

**꽃차례** 꽃이 줄기나 가지에 배열되는 모양, 또는 배열되어 있는 줄기나 가지 그 자체. 화서(花序)라고도 한다.

**꿀샘** 꽃이나 잎에서 단물을 내는 조직 또는 기관. 밀선(蜜腺)이라고도 한다.

## ㄴ

**난형(卵形)** 달걀처럼 생긴 모양. 달걀꼴. 잎, 꽃잎, 꽃받침, 열매 등의 모양을 나타낸다.

## ㄷ

**다육질(多肉質)** 잎, 줄기, 열매에 즙이 많은 것

**단체 웅예(單體雄蕊)** 수술이 모두 합쳐져서 하나의 몸으로 된 수술. 아욱, 무궁화 등에서 볼 수 있다.

**덧꽃받침** 꽃받침 아래쪽에 있는 포엽이 꽃받침 모양으로 된 것. 뱀딸기, 양지꽃 등에서 볼 수 있다. 부악(副萼)이라고도 한다.

**덩굴나무** 덩굴지어 자라는 나무. 만경 식물(蔓莖植物)이라고도 한다.

**덩굴손** 덩굴지어 자라는 나무나 풀에서 식물체를 다른 물체에 고정시키는 역할을 하는 기관. 잎, 잎자루, 턱잎, 가지 등이 변해서 생긴다.

**덩이뿌리** 덩이 모양으로 된 뿌리. 만주바람꽃, 고구마 등에서 볼 수 있으며, 영양분을 저장하기 위한 기관이다. 괴근(塊根)이라고도 한다.

**덩이줄기** 덩이 모양으로 된 땅속줄기. 감자, 현호색 등에서 볼 수 있다. 줄기가 가지고 있어야 하는 잎, 마디, 싹눈 등이 변형된 형태를 갖추고 있다. 괴경(塊莖)이라고도 한다.

**도란형(倒卵形)** 달걀을 거꾸로 세운 모양. 거꿀 달걀꼴이라고도 한다.

**도피침형(倒披針形)** 피침형이 뒤집혀진 모양. 잎의 모양을 나타낸다.

**돌려나기** 하나의 마디에 3개 이상의 잎, 줄기, 꽃이 바퀴 모양으로 나는 것. 윤생(輪生)이라고도 한다.

**두상 꽃차례** 여러 개의 꽃이 꽃대 끝에 모여 머리 모양을 이루어 한 송이의 꽃처럼 보이는 꽃차례. 두상 화서(頭狀花序)라고도 한다.

**두상화(頭狀花)** 꽃대 끝의 둥근 판 위에 꽃자루가 없는 작은 꽃이 많이 모여 달려서 머리 모양처럼 된 꽃. 민들레, 국화 등에서 볼 수 있다.

**두해살이풀** 싹이 나서 꽃이 피고 지는 데까지 2년이 걸리는 식물. 2년초(二年草)라고도 한다.

**땅속줄기** 땅 속에 있는 여러 종류의 줄기를 모두 이르는 말. 지하경(地下莖)이라고도 한다.
**떨기나무** 높이가 0.7~2m에 이르며, 가지가 많이 갈라지는 나무. 만병초, 들쭉나무, 호자나무 등이 그 예이다. 관목(灌木)이라고도 한다.

## ㅁ

**마주나기** 잎이 하나의 마디에 2개가 마주 붙어 남. 대생(對生)이라고도 한다.
**막질(膜質)** 막으로 된 성질 또는 그러한 물질. 잎이나 포(苞)의 질감을 나타낸다.
**맥(脈)** 잎 또는 열매에 영양분과 수분을 공급하는 유관속. 보통 도드라진 형태를 하고 있다.
**모여나기** 잎이나 줄기가 한 곳에서 여러 개가 더부룩하게 나는 것. 총생(叢生)이라고도 한다.
**무성지(無性枝)** 꽃이 피지 않는 줄기. 괭이눈속 식물 등에서 볼 수 있다.
**미상 꽃차례** 꽃자루가 거의 없는 암꽃 또는 수꽃이 모여 이삭 꽃차례 모양을 이룬 꽃차례. 버드나무, 졸참나무, 밤나무, 개암나무 등에서 볼 수 있다.

## ㅂ

**배상 꽃차례** 대극속 식물에서 볼 수 있는 특수한 꽃차례. 술잔 모양의 총포 안에 많은 수꽃이 있고, 1개의 암꽃은 밖으로 길게 나온다. 배상 화서(杯狀花序)라고도 한다.
**별 모양 털** 방사상으로 가지가 갈라져서 별 모양으로 된 털. 성상모(星狀毛)라고도 한다.
**부속체(附屬體)** 꽃잎, 꽃받침, 총포 조각 등에 덧붙어 있는 부분. 부속물이라고도 한다.
**부화관(副花冠)** 화관과 수술 사이에 만들어진 화관 모양의 부속체. 수선화에서 볼 수 있다. 덧꽃부리라고도 한다.
**분과(分果)** 한 씨방에서 만들어지지만, 서로 분리된 2개 이상의 열매로 발달하는 열매. 산형과 식물에서 주로 볼 수 있다. 분열과(分裂果)라고도 한다.
**불염포(佛焰苞)** 육수 꽃차례를 싸고 있는 포. 앉은부채, 반하, 토란 등 천남성과 식물에서 볼 수 있다.

**비늘잎** 비늘 조각처럼 납작한 모양의 작은 잎. 측백나무속, 편백나무속, 현호색속 등에서 볼 수 있다. 인엽(鱗葉)이라고도 한다.

**비늘줄기** 땅속줄기의 하나로서, 짧은 줄기 둘레에 양분을 저장하여 두껍게 된 잎이 많이 겹쳐 구형, 타원형, 난형을 이룬 것. 양파, 산달래, 말나리 등에서 볼 수 있다. 인경(鱗莖)이라고도 한다.

**뿌리잎** 뿌리에서 돋아난 잎. 근출엽(根出葉) 또는 근생엽(根生葉)이라고도 한다.

**뿌리줄기** 땅 속에서 뿌리처럼 뻗는 땅속줄기의 한 종류. 줄기가 변형된 것으로서 마디에서 뿌리가 나며, 끝부분에서 새 줄기가 돋기도 하므로 무성 생식의 한 방법이 된다. 근경(根莖)이라고도 한다.

**사강 웅예(四强雄蕊)** 6개 가운데 2개는 짧고 4개는 긴 수술. 십자화과 식물의 꽃에서 볼 수 있다.

**삭과(蒴果)** 익으면 열매 껍질이 말라 쪼개지면서 씨를 퍼뜨리는, 여러 개의 씨방으로 된 열매

**산방 꽃차례** 꽃차례의 아래쪽 꽃은 꽃자루가 길고 위쪽 꽃은 꽃자루가 짧아서 서로 같은 높이에서 피는 꽃차례. 산방 화서(繖房花序)라고도 한다.

**샘털** 분비물을 내는 털. 열매, 잎, 꽃받침, 꽃자루, 어린 가지 등에서 볼 수 있으며, 보통 끝에 분비물을 저장하고 있다. 선모(腺毛)라고도 한다.

**생식엽(生殖葉)** 고비, 꿩고비 등에서 볼 수 있는, 포자낭이 달리는 잎. 오로지 생식만을 위한 잎으로서 영양엽과 구분된다.

**생식 줄기** 쇠뜨기에서 볼 수 있는 포자낭수가 달리는 줄기. 엽록소가 없으며, 생식 후에는 스러진다. 생식경(生殖莖)이라고도 한다.

**선형(線形)** 선처럼 가늘고 긴 모양. 길이가 너비보다 4배 이상 길다. 잎, 꽃받침잎, 포엽 등의 형태를 말한다.

**설상화(舌狀花)** 관상화와 함께 두상화를 이루는, 화관이 혀처럼 길쭉한 꽃

**소견과(小堅果)** 견과처럼 생긴 작은 열매. 지치, 꽃마리, 금창초 등에서 볼 수

있다.

**수과(瘦果)** 씨앗이 하나 들어 있으며, 익어도 벌어지지 않는 열매

**수꽃** 수술은 완전하지만 암술은 없거나 흔적만 있는 꽃

**수술** 꽃밥과 수술대로 이루어진 꽃의 중요 기관 가운데 하나. 웅예(雄蕊)라고도 한다.

**수술대** 꽃밥과 함께 수술을 이루는 기관. 꽃실 또는 화사(花絲)라고도 한다.

**수염뿌리** 곧은뿌리와 곁뿌리가 구분되지 않는 가느다란 뿌리

**시과(翅果)** 열매 껍질이 자라서 날개처럼 되어 바람에 흩어지기 편리하게 된 열매. 단풍나무, 미선나무, 쇠물푸레 등에서 볼 수 있다.

**신장형(腎臟形)** 콩팥 모양. 세로보다 가로가 길고 밑이 들어간 잎의 모양

**심장형(心臟形)** 염통 모양. 밑이 심장 모양으로 된 넓은 난형의 잎의 모양

**씨방** 암술대 밑에 붙은 통통한 주머니 모양의 부분. 그 속에 밑씨가 들어 있다. 자방(子房)이라고도 한다.

**아랫입술** 설상화의 아래쪽 갈래. 하순(下脣)이라고도 한다.

**알줄기** 땅속줄기의 하나. 양분을 많이 저장하여 살이 쪄서 공 모양을 이룸. 토란, 천남성에서 볼 수 있다. 구경(球莖)이라고도 한다.

**암꽃** 암술만 있고 수술이 없는 꽃

**암수 딴그루** 나무 가운데 암꽃과 수꽃이 각각 다른 그루에 피는 것을 일컫는 말. 자웅이주(雌雄異株) 또는 자웅이가(雌雄二家)라고도 한다.

**암수 딴포기** 풀 가운데 암꽃과 수꽃이 각각 다른 포기에 피는 것을 일컫는 말. 자웅이주(雌雄異株) 또는 자웅이가(雌雄二家)라고도 한다.

**암술** 씨방, 암술대, 암술머리로 이루어진 꽃의 중요 기관 가운데 하나. 자예(雌蕊)라고도 한다.

**암술대** 씨방에서 암술머리까지의 부분. 보통은 가늘고 길다. 화주(花柱)라고도 한다.

**암술머리** 꽃가루받이가 일어나는 암술의 끝부분. 주두(柱頭)라고도 한다.

**양성꽃** 암술과 수술을 모두 갖춘 꽃. 양성화(兩性花) 또는 구비화(具備花)라

고도 한다.

**어긋나기** 잎이나 가지가 마디마다 방향을 달리하여 어긋매껴 나는 것. 호생(互生)이라고도 한다.

**여러해살이풀** 여러 해 동안 사는 풀. 겨울에는 땅 위의 부분이 죽지만 봄이 되면 다시 싹이 돋아난다. 다년초(多年草)라고도 한다.

**엽초(葉鞘)** 잎자루가 칼잎 모양으로 되어 줄기를 싸고 있는 것. 잎집이라고도 한다.

**영양엽(營養葉)** 고비, 꿩고비 등에서 볼 수 있는 녹색의 잎으로 광합성을 하는 잎. 포자를 만드는 생식엽과 구분된다.

**영양 줄기** 쇠뜨기에서 볼 수 있는 녹색의 줄기. 포자낭이 달리지 않으며, 엽록소가 있어 광합성을 한다. 영양경(營養莖)이라고도 한다.

**원추 꽃차례** 주축에서 갈라져 나간 가지가 총상 꽃차례를 이루어 전체가 원뿔 모양이 되는 꽃차례. 주축의 아래쪽 가지는 크고 길며, 위로 갈수록 작아지므로 전체가 원뿔 모양이 된다. 원추 화서(圓錐花序)라고도 한다.

**원형(圓形)** 둥근 모양. 잎을 비롯하여 여러 기관의 형태를 나타낸다.

**윗입술** 설상화의 위쪽 갈래. 상순(上脣)이라고도 한다.

**육수 꽃차례** 육질의 꽃대 주위에 꽃자루가 없는 작은 꽃이 많이 달리는 꽃차례. 천남성과 식물에서 볼 수 있다. 육수 화서(肉穗花序)라고도 한다.

**육아(肉芽)** 잎겨드랑이에 생기는 다육질의 눈. 어미 식물에서 쉽게 땅에 떨어져서 무성적으로 새 개체가 된다. 참나리, 마, 말똥비름 등에서 볼 수 있다. 살눈 또는 주아(珠芽)라고도 한다.

**이과(梨果)** 꽃턱이나 꽃받침통이 다육질의 살로 발달하여, 응어리가 된 씨방과 그 안쪽의 씨앗을 싸고 있는 열매. 배, 사과에서 볼 수 있다.

**이삭 꽃차례** 1개의 긴 꽃대 둘레에 꽃자루가 없는 여러 개의 꽃이 이삭 모양으로 피는 꽃차례. 수상 화서(穗狀花序)라고도 한다.

**익판(翼瓣)** 콩과 식물의 나비 모양 꽃에서 양쪽에 있는 두 장의 꽃잎. 날개꽃잎이라고도 한다.

**입술꽃잎** 난초과 또는 제비꽃과 식물의 꽃잎 가운데 입술처럼 생긴 아래쪽의 것. 난초과에서는 순판(脣瓣)이라고도 한다.

**잎 가장자리** 잎의 변두리 부분. 엽연(葉緣)이라고도 한다.
**잎겨드랑이** 줄기나 가지에 잎이 붙는 부분. 엽액(葉腋)이라고도 한다.
**잎자루** 잎을 가지나 줄기에 붙게 하는 꼭지 부분. 잎꼭지 또는 엽병(葉柄)이라고도 한다.
**잎줄기** 겹잎의 주축을 이루는 줄기. 이 줄기에 작은잎이 달린다. 엽축(葉軸)이라고도 한다.

## ㅈ

**작은잎** 겹잎을 이루는 각각의 잎. 소엽(小葉)이라고도 한다.
**작은키나무** 키나무 가운데 키가 작은 것으로서 높이 2~8m에 이르는 나무. 떨기나무와 큰키나무의 중간 높이로 자란다. 아교목(亞喬木)이라고도 한다.
**잡성(雜性)** 하나의 식물체에 양성꽃과 암꽃, 수꽃이 함께 달리는 것. 산뽕나무, 느티나무 등에서 볼 수 있다.
**장각과(長角果)** 익으면 벌어지는 마른 열매의 하나. 얇은 막으로 구분되는 2개의 세포로 되어 있으며, 길이가 너비의 두 배 이상으로 길다. 십자화과의 장대나물, 는쟁이냉이 등에서 볼 수 있다.
**장과(漿果)** 살과 물이 많고 속에 씨가 여러 개 들어 있는 열매. 산앵도나무, 포도, 까마중 등이 그 예이다.
**장미과(薔薇果)** 장미속 식물의 열매. 꽃턱이 둥글게 다육질로 커졌으며, 내부에 씨앗처럼 보이는 것이 각각 수과의 열매이다.
**줄기껍질** 나무의 껍질. 수피(樹皮)라고도 한다.
**줄기잎** 줄기에서 돋아난 잎. 경생엽(莖生葉)이라고도 한다.
**중륵** 잎 가운데에 있는 큰 잎줄
**집합과(集合果)** 빽빽하게 달린 꽃들의 씨방이 각각 성숙하여 모여 달리는, 물기가 많은 열매. 취과는 하나의 꽃에서 열리는 것이므로 다르다. 뽕나무, 산뽕나무 등이 그 예이다.

## ㅊ

**총상 꽃차례** 긴 꽃대에 꽃자루가 있는 여러 개의 꽃이 어긋나게 붙어서 밑에서부터 피기 시작하는 꽃차례. 총상 화서(總狀花序)라고도 한다.

**총포(總苞)** 꽃이나 열매를 둘러싸고 있는 잎이 변형된 조각 또는 조각들. 개암나무 등의 열매를 싸고 있다.

**취과(聚果)** 심피나 화탁이 다육질로 되고, 그 위에 작은 핵과가 많이 달리는 열매. 산딸기속 식물에서 볼 수 있다.

**취산 꽃차례** 유한 꽃차례의 하나. 먼저 꽃대의 끝에 꽃이 한 송이 피고, 그 밑의 가지 끝에 다시 꽃이 피며, 거기서 다시 가지가 갈라져 끝에 꽃이 핀다. 취산 화서(聚繖花序)라고도 한다.

## ㅋ

**큰키나무** 높이 8m 이상 되는 나무. 키나무 또는 교목(喬木)이라고도 한다.

## ㅌ

**타원형** 위쪽과 아래쪽의 길이는 비슷하고 가운데가 가장 넓은 모양. 길이는 너비의 2배 이상이다.

**턱잎** 잎자루 밑에 쌍으로 난 부속체. 보통 잎 모양이며, 서로 붙어 있다. 탁엽(托葉)이라고도 한다.

**톱니** 잎의 가장자리가 톱날처럼 된 부분. 거치(鋸齒)라고도 한다.

**특산 식물(特産植物)** 어느 지방에서만 특별하게 자라는 식물. 고유 식물이라고도 한다.

## ㅍ

**포엽(苞葉)** 꽃 밑에 달리는 잎 모양의 부속체로 꽃을 보호하는 역할을 하는 경우가 많으며, 잎이 변해서 된 것이다. 뚜렷하게 잎 모양을 하고 있는 포(苞)로서 포잎이라고도 한다.

**포자낭(胞子囊)** 포자를 싸고 있는 주머니 모양의 기관

**포자낭군(胞子囊群)** 포자낭 여러 개가 함께 모여 있는 것. 낭퇴(囊堆)라고도 한다.

**포자낭수(胞子囊穗)** 주축에 여러 개의 포자낭이 가까이 모여 이삭 모양으로

된 것. 쇠뜨기, 석송 등에서 볼 수 있다.

**피침형(披針形)** 밑부분이 가장 넓은, 좁고 긴 모양

## ㅎ

**한국 특산 식물(韓國特産植物)** 지구상에서 우리 나라에만 분포하는 식물

**한해살이풀** 봄에 싹이 터서 꽃이 피고 열매가 맺은 후 그 해 가을에 말라 죽는 풀. 1년초(一年草)라고도 한다.

**핵과(核果)** 살이 발달하며, 씨가 단단한 핵으로 싸여 있는 열매. 복숭아나무, 살구나무 등에서 볼 수 있다.

**헛수술** 생식력이 없는 수술. 의웅예(疑雄蕊)라고도 한다.

**협과(莢果)** 콩과 식물의 열매. 하나의 심피로 되어 있으며, 익으면 두 줄로 터져서 씨앗이 튀어나온다.

**홀수깃꼴겹잎** 끝부분에 짝이 없는 작은잎이 한 장 있는 깃꼴겹잎. 아까시나무, 옻나무 등에서 볼 수 있다. 기수우상복엽(奇數羽狀複葉)이라고도 한다.

**홑잎** 한 장의 잎사귀로 된 잎. 단엽(單葉)이라고도 한다.

**화관(花冠)** 꽃 한 송이의 꽃잎 전체를 이르는 말. 이 책에서는 주로 꽃잎이 서로 붙어 있는 꽃을 설명할 때 사용하였다. 꽃부리라고도 한다.

**화피(花被)** 꽃잎과 꽃받침이 서로 비슷하여 구별하기 어려울 때 이들을 모두 합쳐 이르는 말. 꽃덮이라고도 한다.

# 식물 용어 도해

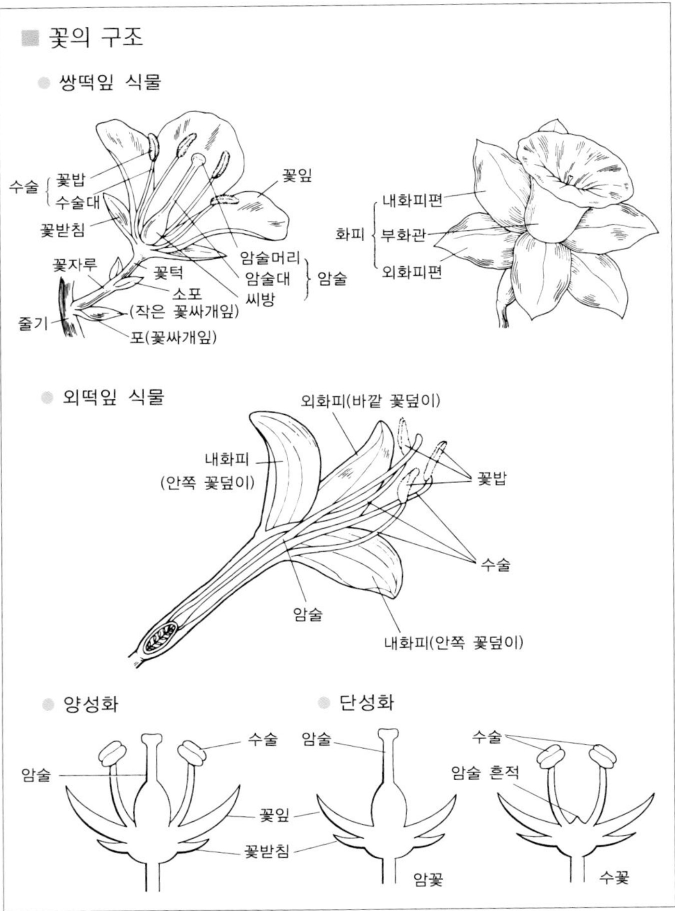

꽃의 구조
쌍떡잎 식물
수술
꽃밥
수술대
꽃받침
꽃자루
꽃턱
소포
(작은 꽃싸개잎)
줄기
포(꽃싸개잎)
꽃잎
암술머리
암술대
씨방
암술
화피
내화피편
부화관
외화피편
외떡잎 식물
외화피(바깥 꽃덮이)
내화피
(안쪽 꽃덮이)
꽃밥
수술
암술
내화피(안쪽 꽃덮이)
양성화
수술
암술
꽃잎
꽃받침
단성화
암술
수술
암술 흔적
암꽃
수꽃

## ■ 화관(꽃부리)의 구조

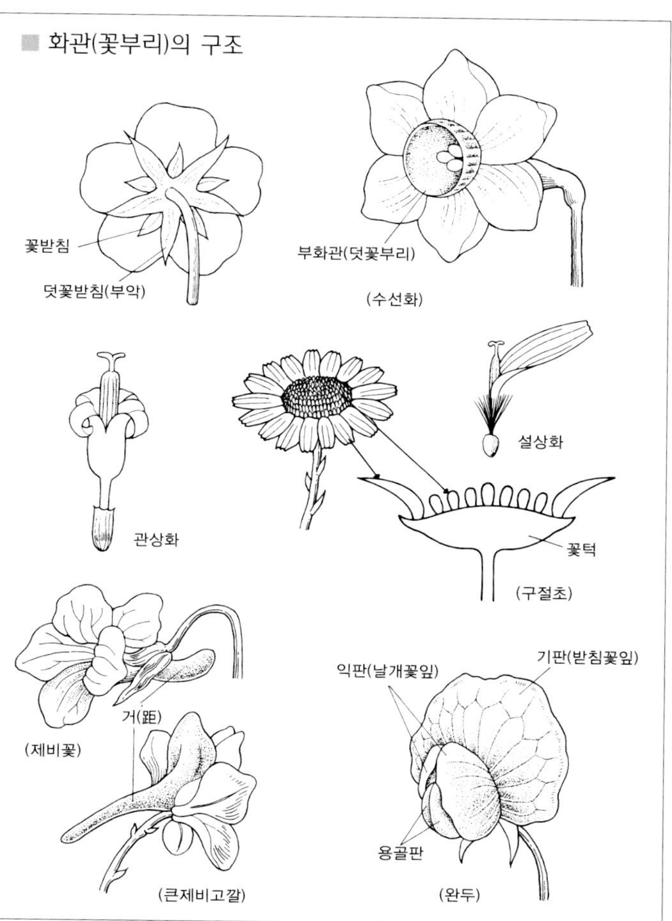

꽃받침
덧꽃받침(부악)
부화관(덧꽃부리)
(수선화)
관상화
설상화
꽃턱
(구절초)
거(距)
(제비꽃)
(큰제비고깔)
익판(날개꽃잎)
기판(받침꽃잎)
용골판
(완두)

## 꽃차례(화서)의 종류

총상 꽃차례(어긋나기)
(까치수염)

총상 꽃차례(마주나기)
(낭아초)

이삭 꽃차례
(질경이)

원추 꽃차례
(붉나무)

산방 꽃차례
(인가목조팝나무)

산형 꽃차례
(앵초)

겹산형 꽃차례
(당근)

집산 꽃차례
(왜젓가락나물)
두상 꽃차례
(쑥부쟁이)
미상 꽃차례(유이 꽃차례)
(졸참나무)
겹집산 꽃차례
(거지덩굴)
권산 꽃차례
(짚신나물)
육수 꽃차례
(천남성)
배상 꽃차례
(대극)

## 잎의 종류

홑잎
겹잎
잎몸
주맥
(잎줄)
측맥
(곁잎줄)
꿀샘
잎자루
턱잎
작은잎
잎몸
잎줄기


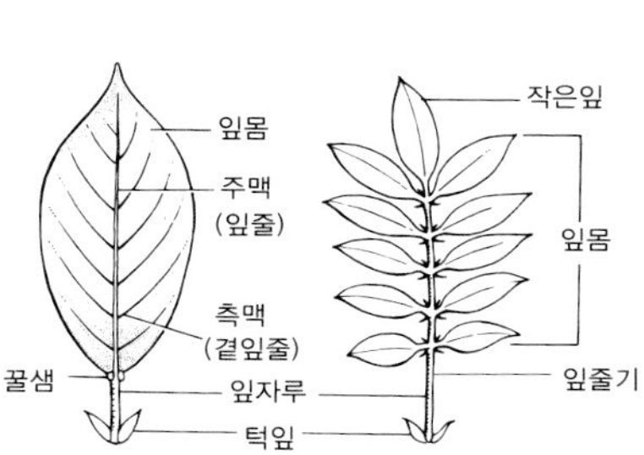

## 잎의 나기

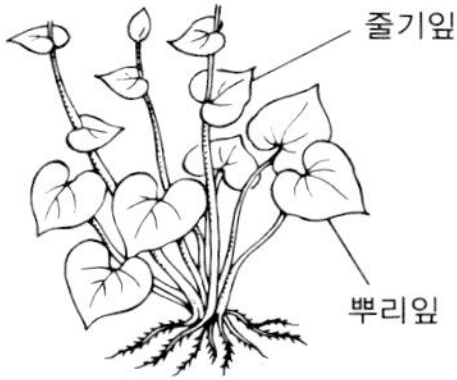

줄기잎
뿌리잎


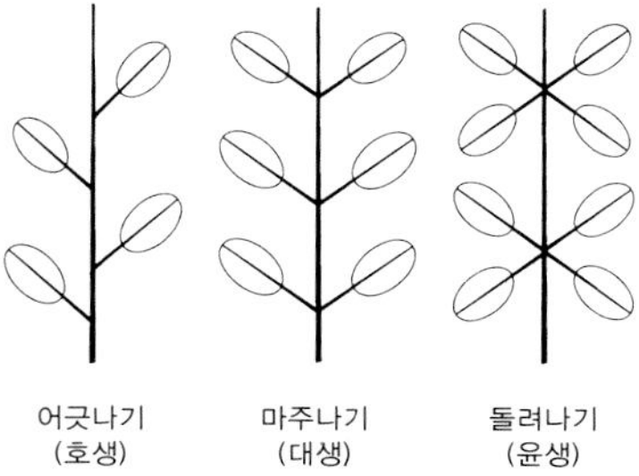

어긋나기
(호생)
마주나기
(대생)
돌려나기
(윤생)

## 잎의 모양

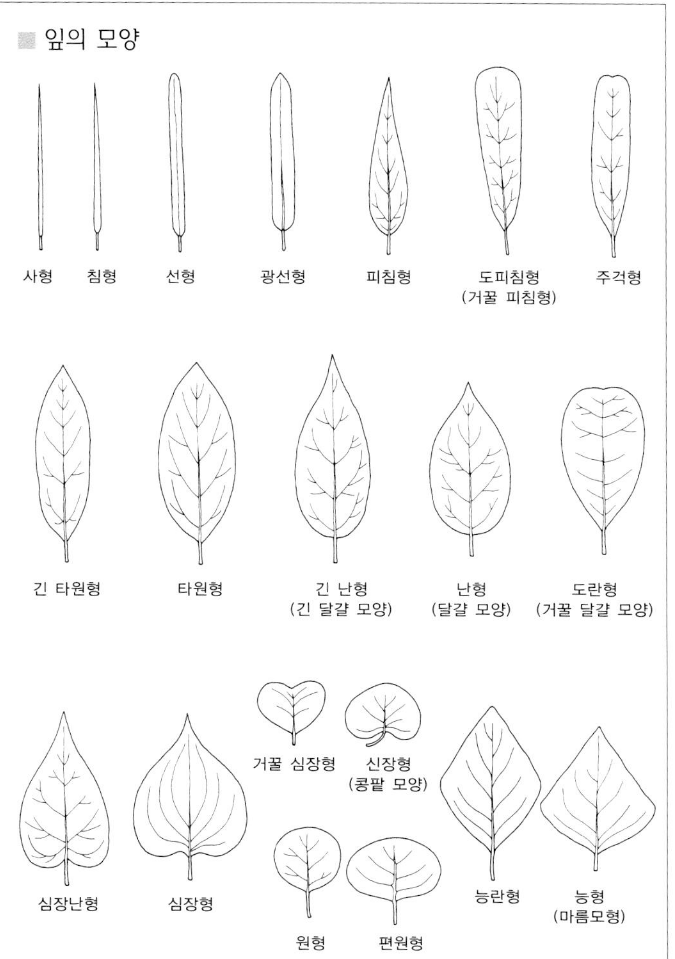

사형
침형
선형
광선형
피침형
도피침형
(거꿀 피침형)
주걱형
긴 타원형
타원형
긴 난형
(긴 달걀 모양)
난형
(달걀 모양)
도란형
(거꿀 달걀 모양)
거꿀 심장형
신장형
(콩팥 모양)
심장난형
심장형
능란형
능형
(마름모형)
원형
편원형

## 줄기의 구조

기는줄기(포복경)
기는줄기(포복경)
가시
(경침)
꽃줄기

## 나무의 구분

큰키나무
(4m 이상)
작은키나무
(2~4m)
떨기나무
(2m 이하)
덩굴나무

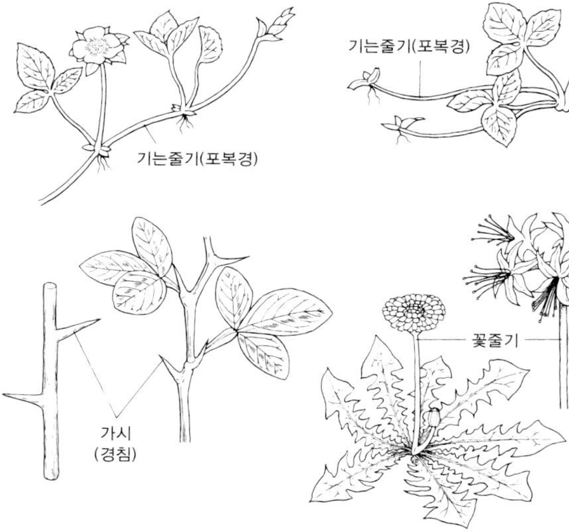

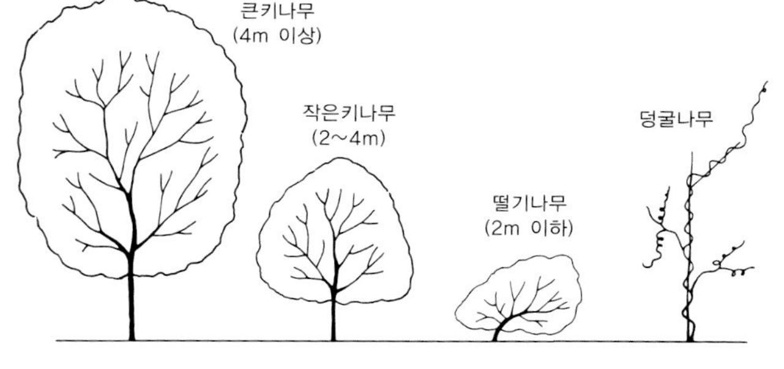

## 땅속줄기(지하경)의 종류

### 뿌리줄기

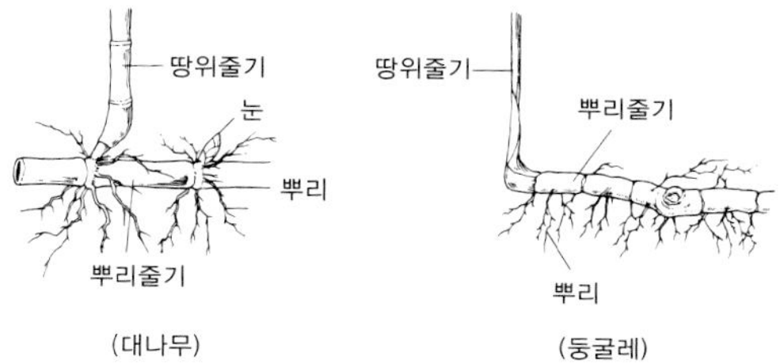


(대나무)　　(둥굴레)

### 비늘줄기

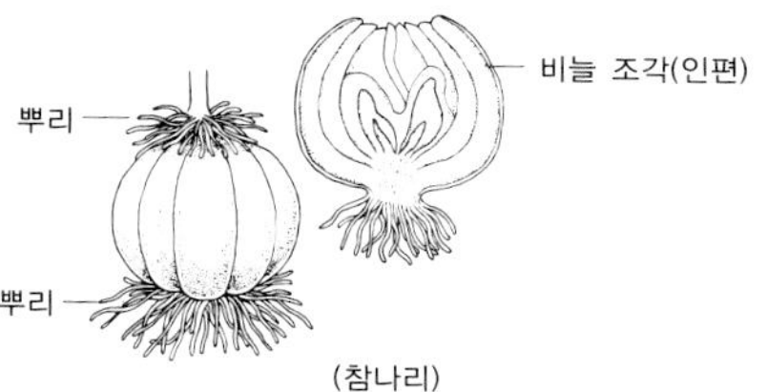


(참나리)

### 덩이줄기

### 알줄기

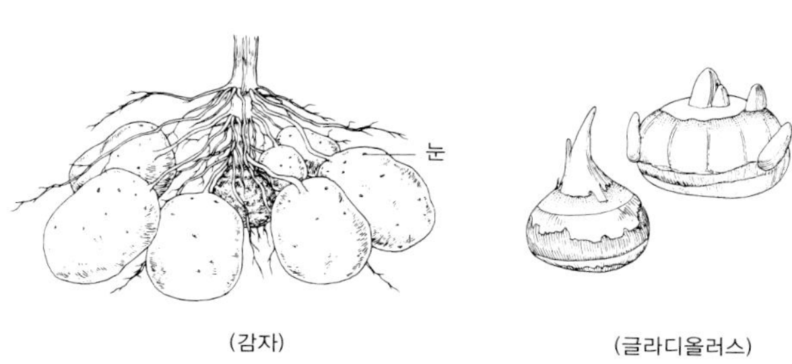


(감자)　　(글라디올러스)

## 열매의 종류

협과(건과 · 열과)

대과(건과 · 열과)

삭과(건과 · 열과)

절협삭과(건과 · 불렬과)

공개삭과(건과 · 열과)

관모(우산털)

열매

수과

주머니 모양의 껍질

씨

포과

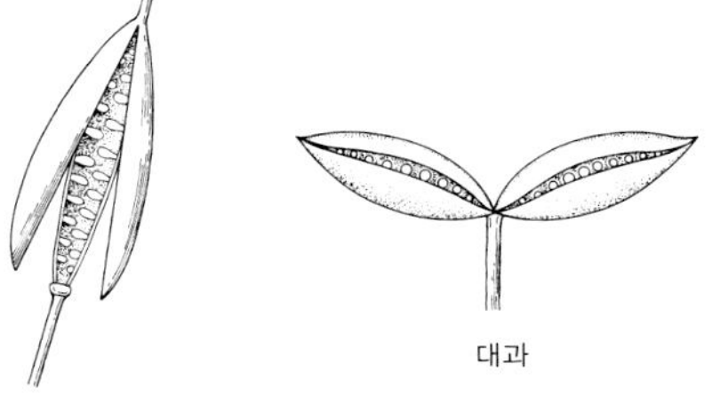

장각과(건과 · 열과)

대과

수과

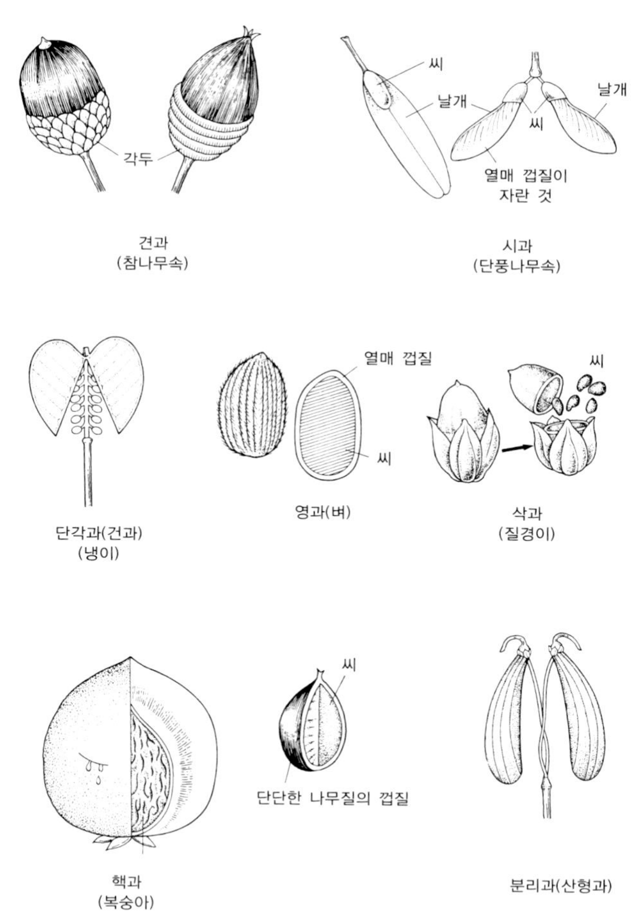


견과
(참나무속)

시과
(단풍나무속)

단각과(견과)
(냉이)

영과(벼)

삭과
(질경이)

핵과
(복숭아)

분리과(산형과)

# 우리말 이름 찾아보기

ㄷ



ㅁ

ㅂ



ㅅ

ㅇ



ㅈ

ㅋ



ㅌ



ㅍ



ㅎ

# 학명 찾아보기

## D



## E



## F



## G



## H

**R**

**W**

# 참고 문헌


- 김문홍. 1985. 제주식물도감. 제주도.
- 김수남, 이경서. 1997. 한국의 난초. 교학사.
- 김영동. 1989. 한국산 괭이눈속 식물의 분류. 서울대학교 석사학위 논문.
- 김용원, 박재홍, 홍성천 등. 1998. 경상북도 자생식물도감. 그라피카.
- 김정희. 1998. 한국산 돌나물속 식물의 분류학적 연구. 서울대학교 박사학위 논문.
- 김태진. 1998. 인동과 린네풀족의 분류와 계통. 전북대학교 박사학위 논문.
- 문순화, 송기엽. 1995. 지리산의 꽃. 평화출판사.
- 문순화, 송기엽, 이경서, 신용만. 1996. 한라산의 꽃. 산악문화.
- 문순화, 송기엽, 이경서, 현진오. 1997. 설악산의 꽃. 교학사.
- 문순화, 송기엽, 현진오. 2001. 덕유산의 꽃. 교학사.
- 선병윤. 1986. 한국산 녹나무과 식물의 분류학적 연구. 서울대학교 박사학위 논문.
- 신현철. 1989. 한국산 수국과 식물의 종속지. 서울대학교 박사학위 논문.
- 심정기. 1998. 한국산 붓꽃과의 분류학적 연구. 고려대학교 박사학위 논문.
- 심정기, 고성철, 오병운 등. 2000. 한국관속식물 종속지(1). 아카데미서적.
- 오용자, 현진오 등. 1998. 한국의 멸종 위기 및 보호 야생 동·식물. 교학사.
- 이상태. 1997. 한국식물검색집. 아카데미서적.
- 이영노. 1996. 원색 한국식물도감. 교학사.
- 이영노, 이경서, 신용만. 2001. 제주자생식물도감. 여미지.
- 이우철. 1996. 원색 한국기준식물도감. 아카데미서적.
- 이우철. 1996. 한국식물명고. 아카데미서적.
- 이창복. 1980. 대한식물도감. 향문사.

• 임록재. 1996~2000. 조선식물지(증보판). 1~9. 과학기술출판사.
• 정영호. 1989. 정영호식물학논선 제2집 한국고유식물지. 운초서사.
• 정영호. 1990. 정영호식물학논선 제4집 서울대식물표본목록. 운초서사.
• 정태현. 1956~1957. 한국식물도감 상 · 하. 신지사.
• 최홍근. 1986. 한국산 수생관속식물지. 서울대학교 박사학위 논문.
• 현진오. 1988. 한국산 산앵도나무속 식물의 분류. 서울대학교 석사학위 논문.
• 현진오. 1996. 꽃산행. 산악문화.
• 현진오. 1999. 아름다운 우리 꽃- 떨기 · 덩굴나무. 교학사.
• 현진오. 1999. 아름다운 우리 꽃- 봄. 교학사.
• 현진오. 2002. 한반도 보호 식물의 선정과 사례 연구. 순천향대학교 박사학위 논문.
• 현진오. 2003. 봄에 피는 우리 꽃 386. 신구문화사.
• Anonymous. 2003. Flora of China(internet web site). http://flora.huh.harvard.edu/china.
• Brummitt R.K. and C.E. Powell(ed.). 1992. Authors of Plant Names. Royal Botanic Gardens, Kew.
• Engler A. 1964. Syllabus der Planzen.
• Ohwi J. 1984. Flora of Japan. Smithsonian Institution, Washington D.C.
• Satake Y., J. Ohwi, S. Kitamura, S. Watari and T. Tominari(ed.). 1982. Wild Flowers of Japan. Herbaceous plants. vol. 1-3. Heibonsha Ltd., Tokyo.
• Satake Y., H. Hara, S. Watari and T. Tominari(ed.). 1989. Wild Flowers of Japan. woody plants. vol. 1-2. Heibonsha Ltd., Tokyo.

**Kyo-Hak**
Mini Guide 4

# 봄꽃

초판 발행/2003. 11. 30
재판 발행/2007. 3. 30

지은이/문순화 · 현진오
펴낸이/양철우
펴낸곳/(주)교학사

기획/유홍희
편집/황정순 · 김천순
교정/차진승 · 하유미
장정/오흥환
원색 분해 · 인쇄/본사 공무부

저자와의 협의에 의해 검인 생략함

등록/1962. 6. 26.(18-7)
주소/서울 마포구 공덕동 105-67
전화/편집부 · 312-6685 영업부 · 7075-155 · 156
팩스/편집부 · 365-1310 영업부 · 7075-160
대체/012245-31-0501320
홈페이지/http://www.kyohak.co.kr



Wild Flowers - Spring
*by* Moon Soon Hwa · Hyun Jin Oh

Published by Kyo-Hak Publishing Co., Ltd., 2003
105-67, Gongdeok-dong, Mapo-gu, Seoul, Korea
Printed in Korea

ISBN 89-09-09081-2 96480